普通高等教育"十三五"规划教材

机械原理与机械设计 实验教程

主　编　魏春雨　　马北一
副主编　杨　帆

U0314560

北　京

冶金工业出版社

2019

内 容 提 要

本书包含机械原理和机械设计两门课程对应的实验内容，介绍了实验所涉及的设备结构及使用原理，深入浅出地讲解了实验原理、实验方法和实验内容，注重理论与实践相结合，突出实用性，为培养应用型、创新设计型人才服务。

本书为高等学校机械工程与自动化专业教材，也可供相关专业的工程技术人员参考。

图书在版编目（CIP）数据

机械原理与机械设计实验教程／魏春雨，马北一主编. —
北京：冶金工业出版社，2019.8
普通高等教育"十三五"规划教材
ISBN 978-7-5024-8157-5

Ⅰ.①机… Ⅱ.①魏… ②马… Ⅲ.①机构学—实验—
高等学校—教材 ②机械设计—实验—高等学校—教材
Ⅳ.①TH111-33 ②TH122-33

中国版本图书馆 CIP 数据核字（2019）第 142790 号

出 版 人 谭学余
地　　　址 北京市东城区嵩祝院北巷 39 号　邮编　100009　电话　（010）64027926
网　　　址 www.cnmip.com.cn　电子信箱　yjcbs@cnmip.com.cn
责任编辑 宋　良　美术编辑 吕欣童　版式设计　孙跃红
责任校对 郑　娟　责任印制 李玉山
ISBN 978-7-5024-8157-5
冶金工业出版社出版发行；各地新华书店经销；三河市双峰印刷装订有限公司印刷
2019 年 8 月第 1 版，2019 年 8 月第 1 次印刷
148mm×210mm；3.5 印张；103 千字；104 页
12.00 元

冶金工业出版社　投稿电话　（010）64027932　投稿信箱　tougao@cnmip.com.cn
冶金工业出版社营销中心　电话　（010）64044283　传真　（010）64027893
冶金工业出版社天猫旗舰店　yjgycbs.tmall.com
（本书如有印装质量问题，本社营销中心负责退换）

前　言

　　高等学校本科教学包括理论教学和实验教学两部分，两者同等重要。实验教学是培养学生实践动手能力，提高学生理解理论知识能力，锻炼学生分析解决问题能力，最终达到培养提高学生创新思维的能力。实验室是学生学习知识的重要场所，对于工科学生尤其重要，因为实验室是发明创新的摇篮。学生通过在实验室做实验，对知识的掌握会有一种豁然开朗的感觉。

　　本书内容是根据"机械原理""机械设计"课程教学大纲的要求编写的，与理论教学紧密结合，实验内容层次安排合理，包含有验证性、设计性、综合性和创新设计性实验。本书属于机械方面创新创业系列教材，以综合设计性、创新性实验为主，满足创新创业教育的课程体系要求，具有如下特点：

　　（1）有普及性的基础实验，如机构认知、机构运动分析、齿轮加工方法等方面的实验，作为启发学生创新创业意识、激发学生创新创业动力的基础，旨在夯实学生基本知识和技能；

　　（2）有较强创新性综合设计性实验，如"平面机构运动创新设计"，旨在培养学生创新设计实际运用能力；

　　（3）有面向企业，为企业培养上岗人员的"机械传动性能综合设计测试"实验项目，适合校企联合开放式创新创业办学要求；

　　（4）可以面向其他非机类专业创新创业潜质高的学生，进行开放的综合创新性实验，适应跨院系、跨学科、跨专业交叉培养创新创业人才的新机制；

（5）贯彻落实国家创新创业教育战略要求和教育理念，深化高校创新创业教育改革，完善创新创业教育课程体系。

书中机械原理实验部分由魏春雨编写，机械设计实验部分由马北一编写，图表设计及文字编辑工作由沈阳水务集团杨帆完成。

感谢高兴岐和薛凤英两位教授对本书的编写工作给予的指导。

由于作者水平所限，书中不妥之处，诚请读者批评指正。

编　者

2019 年 4 月

于辽宁科技大学

目　　录

实 验 须 知

（1）实验前，认真阅读实验指导书并且预习相关的知识。

（2）带齐实验所需的文具用品（详见实验中列出的所需自备用具）。

（3）实验中注意安全，不得随意搬弄实验设备，爱护设备和仪器。

（4）认真完成实验，实验结果必须经指导教师审阅。

（5）实验后，归还所借工具，做好整理和清洁工作。

（6）实验报告按规定格式用钢笔填写，草稿纸可用铅笔写。凡实验或报告不合格者，一律重做或补写；再不合格者，本科目成绩为不合格。

注：上篇机械原理实验四（2）为选做实验项目；
　　下篇机械设计实验二（2）为选做实验项目。

上 篇

机械原理实验

实验一 机构运动简图的绘制与分析

一、实验目的

（1）学会分析实际机器或机构模型，并用国标规定的简图符号，绘制机构运动简图。

（2）熟悉各种常用机构简图符号的表示方法及机构运动简图的测绘方法。

（3）巩固和验证机构自由度的计算方法，并与实际情况比较，分析机构具有确定运动的必要条件。

二、实验设备与工具

（1）各种实际机器及各种机构模型。

（2）钢板尺（或直尺）、卷尺、内外卡尺。

（3）自备铅笔、橡皮、圆规、草稿纸等。

三、实验原理

由于机构的运动仅与机构中可动的构件数目、运动副的数目类型及相对位置有关，在进行机构的分析和综合时，为了突出表达机构的运动特征，便于研究机构的运动，往往撇开与机构运动无关的零件组成的实际结构形状，而用简单的线条和规定的符号（参阅 GB 4460—84 机构运动简图符号）来表示出与实际机构各构件运动完全相同的简单图形（这种简单的图形叫做机构运动简图），并按一定的比例尺表示运动副的相对位置，以此说明机构的运动特征。

一个正确的机构运动简图必须具备以下条件：

（1）构件数目和构件之间的联接关系与原机构相同。

（2）运动副数目、类型和相对位置与原机构相同。

（3）机架上画有表示为固定件的斜线，在原动件上画有表示运动方向的箭头，各运动副均按规定的代表符号画出（运动副符号见表 1.1）。

（4）注明构件实际长度尺寸和长度比例尺 μ_l。

表 1.1　常见运动副符号

运动副名称		运动副符号	
		两运动构件构成的运动副	两构件之一为固定时的运动副
平面运动副	转动副		
	移动副		
	平面高副		
空间运动副	螺旋副		
	球面副及球销副		

四、绘制机构运动简图的方法、步骤及要求

为正确地反映机构的运动特征，首先要了解机构的运动，分析方法见例 1.1-1。

例 1.1-1　图 1.1-1（a）表示一个偏心轮机构（或称曲柄滑块机构），试绘出其机构运动简图，并计算其自由度。

解：

（1）认清机构的各个构件并编以序号

慢慢转动原动件（手柄所带动的构件），使机构运动，仔细观察此机构中哪些构件是活动构件，哪些构件是固定构件，并逐一标注构件号码，如图 1.1-1 所示。

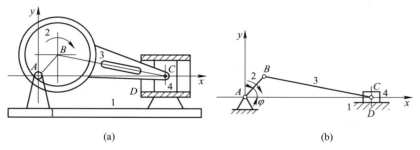

(a)　(b)

图 1.1-1　曲柄滑块机构

1—机架；2—手柄及偏心轮；3—连杆；4—活塞

（2）判断各构件间的运动副性质

反复转动手柄，可以观察到构件 2 与构件 1 的相对运动是绕 A 点转动的，故 2 与 1 在 A 点处组成转动副；构件 3 与构件 2 的相对运动是绕偏心轮 2 的圆心 B 点转动，故 3 与 2 在 B 点处组成转动副；构件 4 与构件 3 绕销轴 C 点相对转动，故 4 与 3 在 C 点处组成转动副；构件 4 与构件 1 在水平方向沿 x 轴相对移动，故 4 与 1 组成方位线与 x 轴重合的移动副 D。原动件 2 在图示情况与机架 1 的水平位置夹角用 φ 表示。

（3）画出组成运动副的构件符号

对于具有两个转动副的构件，不论其实际形状如何，都只用两转

动副之间的连线来代表，例如 AB 代表构件 2，BC 代表构件 3；对于具有移动副的构件，不论其截面形状如何，总是用滑块表示，例如滑块 4 代表构件 4；通过滑块上转动副 C 的中心画出与 x 轴重合的滑块运动方位线，代表构件 4 对构件 1 相对移动的方向线。

机架打斜线表示，以便与活动构件区别，如构件 1。原动件（起始构件）上示以箭头，以便与从动件区别，如构件 2。图 1.1-1（b）即为图（a）所示机构的运动简图。

（4）测量构件尺寸并按比例绘制机构简图

测量 AB 杆和 BC 杆的长度以及滑块 4 移动方向线 x 轴至转动副 A 的竖直距离（图示为对心曲柄滑块机构，竖直距离为零），选择适当的长度比例尺 μl，按比例画出机构运动简图。

$$\mu l = \frac{构件的实际长度（m 或 mm）}{简图上所画的构件长度（mm）}$$

在只需了解机构运动特征而不需进行定量分析时，可不按比例绘制简图，只需大致按相对位置关系绘出即可。

（5）计算机构自由度 F

自由度计算公式：

$$F = 3n - 2P_{\mathrm{L}} - P_{\mathrm{H}}$$

式中　n——活动构件数；

P_{L}——转动副和移动副数（低副数）；

P_{H}——高副数。

在曲柄滑块机构中，$n = 3$（构件 2、3 和 4 为活动构件）；$P_{\mathrm{L}} = 4$（转动副 A、B 和 C 以及移动副 D）；$P_{\mathrm{H}} = 0$。

所以　　　　　$F = 3n - 2P_{\mathrm{L}} - P_{\mathrm{H}} = 3×3 - 2×4 - 0 = 1$

核对计算结果是否正确：根据计算所得 $F = 1$，给予机构一个原动件（手柄所带动的构件），当手柄转动给机构输入一个运动后，可观察到机构各构件的运动均是确定的，故计算结果符合实际情况。

例 1.1-2　分析图 1.1-2 所示曲柄摇块机构，按例 1.1-1 步骤画出该机构运动简图，并拆分基本杆组。

解：机构由原动构件偏心轮 1 和一个 Ⅰ 级杆组 BCD 所组成。

　　测量构件的尺寸，构件1偏心轮的尺寸AB的长度，构件2的尺寸BD，构件3摇块不用测量尺寸，构件4机架的尺寸AD在一条垂直的竖直线上。偏心轮1为原动机。计算得到

$$F=3n-2P_{\mathrm{L}}-P_{\mathrm{H}}=3\times3-2\times4-0=1$$

自由度数与机构原动构件数相等，故机构具有确定运动。

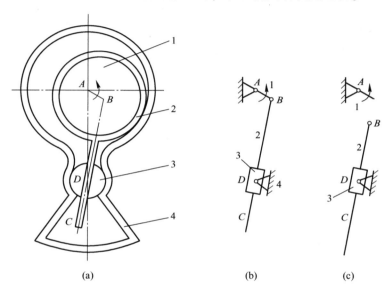

图 1.1-2　曲柄摇块泵机构

（a）泵机构模型　　（b）机构运动简图　　（c）拆分的杆组

五、实验内容及实验报告要求

　　选择四至六种机构模型或机器为对象，根据上述原理进行机构简图测绘。如：①偏心摇杆泵机构；②曲柄摇块泵机构；③双曲柄泵机构；④冲床机构；⑤剪床机构；⑥实验室中陈列的其他一些机械模型等。在草稿纸上画出机构运动简图。

　　在实验报告中，要求有一个机构（最好选择泵机构），需要测量构件的实际尺寸并按比例画出其机构运动简图，事先选好比例尺 μ_l。其他机构的运动简图，可目测使简图与实物大致成比例。

　　机构运动简图可以按照"机构运动简图的绘制与分析实验报告"表格里的要求完成。

六、思考题

　　（1）一个正确的"机构运动简图"应该能说明哪些内容？

　　（2）绘制机构运动简图时，原动件的位置为什么可以任意选定，会不会影响机构运动简图的正确性？

　　（3）机构自由度的计算对绘制机构运动简图有何帮助？

实验二　渐开线齿轮范成原理

一、实验目的

（1）掌握范成法切制渐开线齿轮的原理。
（2）了解齿轮根切现象及如何用变位修正法来避免根切现象的发生。
（3）比较渐开线标准齿轮及变位齿轮的差别。

二、仪器及工具

（1）齿轮范成仪、螺丝刀、扳手、钢板尺。
（2）$d = 240$mm 厚图纸 1 张，自备铅笔、圆珠笔（两色）、圆规、三角板、计算器等。

三、实验原理

齿轮范成仪的结构如图 1.2-1 所示。

圆盘 5 绕其固定轴心 O 旋转，其下部有齿轮（其分度圆直径 $d = 180$mm），当转动手柄 1 时，通过丝杠与螺母（未划出），带动齿条及固定其上的滑板 2 沿水平方向移动，通过与齿轮的啮合使圆盘 5 与滑板 2 联动，此时圆盘 5 在 $\phi180$ 处的圆周与滑板上的直线 mm（代表机床节线）始终作纯滚动，并切于节点 P。齿条 4（代表刀具），通过螺钉 3 与滑板固结，可一起移动，其模数 $m = 20$mm、$\alpha = 20°$。齿条中线上下的齿高均为 1.25m，齿顶的 0.25m 是圆弧，用以切出被切齿轮的齿根过渡曲线。转动手柄 6，通过丝杠、螺母 7，可使齿条相对圆盘中心 O 沿垂直方向相对移动。如齿条中线与分度圆相切，则 mm 线与齿条中线重合，这样切出的便是标准齿轮。如果改变齿条对轴心 O 的距离，其移动距离 $A = x \cdot m$ 可在标尺上读出（有的范成仪上没有标尺），此时 mm 线与齿条中线分离，而 mm 线与齿轮的分度圆相切，这样切出的齿轮便称为变位齿轮（移距修正齿轮）。

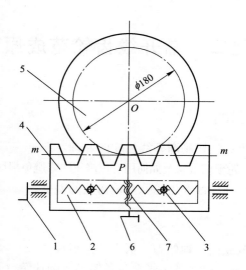

图 1.2-1 齿轮范成仪

1, 6—手柄；2—滑板；3—螺钉；4—齿条；

5—圆盘；7—丝杆、螺母

进行实验时，在图纸上先画出齿顶圆、分度圆、基圆和根圆，然后把图纸夹紧在圆盘 5 上，并注意使两者的中心重合。将滑板 2 移至右边（或左边）极限位置，用削尖的铅笔或圆珠笔沿齿条刀具的齿廓，在图纸上画出该轮廓在齿轮坯上的投影线。然后，转动手柄 1（两转）使滑板移动一个很小的距离，并带动圆盘连同图纸转过一个相应的小角度，再画出齿条刀具在此位置时的投影线，连续重复上述工作，绘出齿条刀具的齿廓在各个位置的投影线，其包络线就是被切齿轮的齿廓。

四、实验步骤及实验报告要求

1. 计算齿轮各参数

标准齿轮：按基本参数 $m = 20\text{mm}$、$\alpha = 20°$、$d = 180\text{mm}$、$h_a^* = 1$、$c^* = 0.25$，计算齿数 Z、齿顶圆直径 d_a、齿根圆直径 d_f、基圆直径 d_b。

变位齿轮：计算不产生根切的最小变位系数 X_{min}，以及不考虑齿顶高降低系数 σ 时的齿顶圆直径 d_a 及齿根圆直径 d_f。

2. 绘制标准齿轮

在图纸上作中心线，绘出 d_a、d_f、d_b、d 各圆，为节省做实验的时间，可先只画一个分度圆 d，其他圆 d_a、d_f、d_b 和正变位齿轮 d_a'、d_f' 课后再画。然后将图纸夹紧在圆盘上，并注意同心，松开齿条固定螺钉，使齿条中线对准标尺零点（即齿条中线与齿轮分度圆相切），固定螺钉。用上述方法绘出两个完整轮齿齿形，如图 1.2-2 所示标准齿轮。

3. 正变位齿轮

松开夹紧图纸的螺钉，将图纸转过 180° 后，再将图纸固定，松开齿条固紧螺钉，转动手柄 6 将齿条刀退后（远离中心 O）一距离 $A = X_{min} \cdot m$，$x_{min} \geqslant \dfrac{Z_{min} - Z}{Z}$（取到小数点后一位），然后按绘制标准齿轮的相同方法绘出两个完整的轮齿，见图 1.2-2 所示正变位齿轮。

五、实验报告要求

填写"渐开线齿轮范成原理实验报告"表格里的数据；在图纸上画出 d_a、d_f、d_b、d_a'、d_f'。

六、思考题

（1）通过实验，你所观察到的根切现象发生在基圆之内还是基圆之外，根切现象是由什么引起，如何避免根切？

（2）比较用同一齿条刀具加工出的标准齿轮和正变位齿轮的参数尺寸有哪些变化，为什么？

（3）如果是负变位齿轮，形状和主要参数尺寸又将发生什么变化？

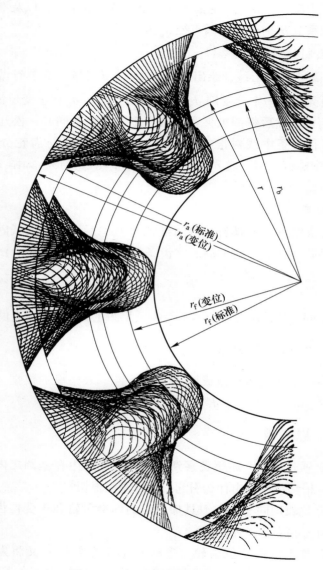

图 1.2-2 标准齿轮和正变位齿轮

实验三　齿轮参数测定

一、实验目的

齿轮在使用过程中难免会损坏，这时必须按照已损坏齿轮的原参数配制一个新齿轮。在仿制新机器时，也经常会遇到测绘齿轮的工作。在设计工作中，有时也需测绘同类型设备（或国外引进设备）的齿轮作为参考。测绘齿轮的目的，就是在没有或缺少技术资料的情况下，根据实物（往往是已经损坏了的实物）找出原设计的主要参数，并绘出工作图。

本实验主要学习掌握用普通量具测定渐开线齿轮各主要参数（m，α，h_a^*，c^*，x，σ）的方法，并熟悉齿轮各部分尺寸、参数关系以及渐开线的几何性质。

二、实验仪器及用具

（1）游标卡尺一把，测量用的奇数、偶数两个齿轮。

（2）自备铅笔、橡皮、草稿纸、计算器等。

三、实验原理及方法

1. 模数 m 和压力角 α 的测定

使用普通量具只能测出齿轮的某些尺寸，要确定被测齿轮的各部分参数，必须通过一定的关系式来求解。

已知 $P_b = P\cos\alpha$ ，$P = \pi m$ ，有

$$m = P_b / (\pi\cos\alpha) \tag{1.3-1}$$

式中，基圆周节 P_b 值可通过测量两次公法线长所得到。

根据所测得 P_b 值确定 m、α 值，有以下两种方法：

方法一、试算法：将压力角 $\alpha = 15°$、$\alpha = 20°$、…分别代入式

（1.3-1）中，可得出不同的模数 m 值，而 m 值亦为标准值。查标准模数表 1.3-1，其中之一很接近标准模数 m 值，即为该齿轮的模数 m 值（因制造及测量误差计算值，与标准模数 m 值有较小偏差）。显然，算出标准模数 m 值所代用的压力角 α 值，即为该齿轮的分度圆压力角。

表 1.3-1　标准模数

0.3	0.4	0.5	0.6	0.7	0.8	1	1.25	1.5
1.75	2	2.25	2.5	(2.75)	3	(3.25)	1.5	(3.75)
4		4.5	5	5.5	6	6.5	7	8
9	10	11	12	13	14	15	16	18
20	22	24	26	28	30	33	36	39
42	45	50						

　　方法二、查表法：查表 1.3-2，表中所列 P_b 值必有一值与所测得的 P_b 值相接近（因制造和测量误差，故测得的 P_b 值与表中查得的 P_b 值有一较小偏差），查得该 P_b 值所对应的 m、α 值即为该齿轮的 m、α 值。

表 1.3-2　$P_b = \pi m \cos\alpha$ 数值　　　　（mm）

模数	$P_b = \pi m \cos\alpha$				
	$\alpha = 22.5°$	$\alpha = 20°$	$\alpha = 17.5°$	$\alpha = 15°$	$\alpha = 14.5°$
1.5	4.354	4.428	4.494	4.552	4.562
1.75	5.079	5.166	5.243	5.310	5.323
2	5.805	5.904	5.992	6.069	6.083
2.25	6.530	6.642	6.741	6.828	6.843
2.5	7.256	7.38	7.49	7.586	7.604
2.75	7.982	8.118	8.239	8.345	8.364
3	8.707	8.856	7.898	9.104	9.125
3.25	9.433	9.594	9.738	9.862	9.885
3.5	10.159	10.332	10.487	10.621	10.645
3.75	10.884	11.070	11.236	11.379	11.604

续表 1.3-2

模数	$P_b = \pi m \cos\alpha$				
	$\alpha = 22.5°$	$\alpha = 20°$	$\alpha = 17.5°$	$\alpha = 15°$	$\alpha = 14.5°$
4	11.610	11.809	11.986	12.138	12.166
4.5	13.061	13.285	13.483	13.655	13.687
5	14.512	14.761	14.481	15.173	15.208
5.5	15.963	16.237	16.479	16.690	16.728
6	17.415	17.713	17.977	18.207	18.249
6.5	18.866	19.189	19.475	19.724	19.770
7	20.317	20.665	20.973	21.242	21.291
8	23.22	23.617	23.169	24.276	24.332

2. 变位系数 x 的测定

变位系数 x 可通过测量公法线长度的方法来确定。

标准齿轮公法线长：

$$W_{标} = m \cdot \cos\alpha \left[(k - 0.5)\pi + Z \cdot \mathrm{inv}\alpha \right] \tag{1.3-2}$$

式中，α 取 $20°$，$\mathrm{inv}20° = 0.014904$。

变位齿轮公法线长：

$$W_k = W_{标} + 2xm \cdot \sin\alpha \tag{1.3-3}$$

由式（1.3-3）减式（1.3-2），整理得：

$$x = (W_k - W_{标})/(2 \cdot m \cdot \sin\alpha) \tag{1.3-4}$$

式中　　W_k——实测齿轮的公法线长；

　　　　$W_{标}$——标准齿轮的公法线长。

测出实际齿轮的公法线长 W_k，同时计算出（或从手册中查得）未变位时的标准齿轮公法线长 $W_{标}$ 值，代入式（1.3-4），即可求出变位系数 x。

综上所述，要确定 m、α 及 x，都必须先测出齿轮的公法线长度，并通过测量公法线长求出 P_b 值，齿轮公法线长度及 P_b 值测量方法如下。

如图 1.3-1 所示，游标卡尺的一对卡脚之间的垂直距离，即为两齿廓间的公法线长。k 为跨测齿数，不同齿数的齿轮跨测齿数 k 不同，见表 1.3-3。

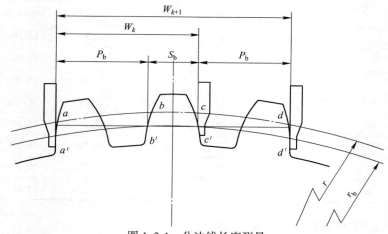

图 1.3-1　公法线长度测量

表 1.3-3　测量公法线长度时的跨测齿数

Z	12~18	19~27	28~36	37~45	46~54	55~63	64~72	73~81
k	2	3	4	5	6	7	8	9

当跨测两个齿时，其公法线长 W_k 应为 a 点至 c 点的直线长 ac，由渐开线的几何特性可知该直线始终切于基圆，并与基圆弧长 $a'c'$ 相等，即：$ac = a'c' = P_b - S_b$。

当跨测 k 个齿和（$k+1$）个齿时，其公法线长分别为：

$$W_k = (k-1)P_b + S_b \qquad (1.3\text{-}5)$$

$$W_{k+1} = kP_b + S_b \qquad (1.3\text{-}6)$$

所以　　　　　　　　$$P_b = W_{k+1} - W_k \qquad (1.3\text{-}7)$$

测得上述 W_k 和 W_{k+1} 值，即可算出 P_b：由 P_b 值，用 m、α 的两种测定方法中的一种即可确定出 m、α。再由测得的 W_k 代入变位系数计算公式，即可确定变位系数 x。跨测齿数 k：

$$k = \frac{\alpha}{180°}Z + \frac{1}{2} \quad k \text{ 应选取整数。} k \text{ 可直接由表 1.3-3 查取。}$$

3. h_a^* 及 c^* 的测定

h_a^* 及 c^* 可通过测量全齿高的方法测得。

已知：
$$h = (d_a - d_f)/2 \qquad (1.3-8)$$
又
$$h = m(2h_a^* + c^*) \qquad (1.3-9)$$

由式（1.3-7）可知，若测得齿顶圆 d_a 及齿根圆 d_f，即可知全齿高 h。

取正常齿形系数 $h_a^* = 1$，$c^* = 0.25$ 和短齿形系数 $h_a^* = 0.8$，$c^* = 0.3$ 分别代入式（1.3-9），可得正常齿全齿高 $h_{(正常)}$ 和短齿全齿高 $h_{(短齿)}$ 的值，然后与实测的 h 值相比较，接近实测 h 值者，即为该齿轮的 h_a^*、c^*。

由上述可知：要确定 h_a^*、c^*，必须先测出 d_a、d_f 值。对于偶数齿轮，可如图 1.3-2 所示直接测出 d_a、d_f 值；对于奇数齿，可按图 1.3-3 所示方法，先测出 H_1、H_2、d_K 值后，则可求出 d_a、d_f 值：

$$d_a = d_k + 2H_1 \qquad (1.3-10)$$
$$d_f = d_k + 2H_2 \qquad (1.3-11)$$

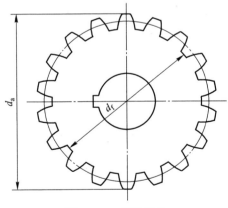

图 1.3-2 偶数齿轮

四、实验步骤及要求

（1）分别测出奇数和偶数两个齿轮的 W_k、W_{k+1}、d_a、d_f（偶数

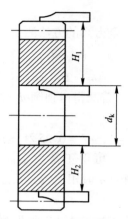

图 1.3-3　奇数齿轮

齿轮）值及 W_k、W_{k+1}、H_1、H_2、d_k（奇数齿轮）值，每个值要在不同位置分别测量三遍，同时记录数据，计算平均值代入公式，求出齿轮的各个参数，要求保留两位小数。

（2）实验报告要求。填写实验记录，见"齿轮参数测定实验报告"表 1 中；写出齿轮各个参数的计算过程，并将两个齿轮参数的计算结果填入表 2 中。

五、思考题

（1）测量齿根圆直径 d_f 时，对齿数为偶数和奇数的齿轮，在测量方法上有什么不同？

（2）齿轮公法线长度是根据渐开线的什么性质测量的？

实验四（1）　平面机构运动创新设计

一、实验目的

（1）加深对平面机构的组成原理、结构的认识，了解平面机构组成及运动特点。

（2）培养提高的机构综合设计能力、创新能力和实践动手能力。

二、实验设备及工具

（1）ZBS-C 机构运动创新设计方案实验台。

参看 ZBS-C 机构运动创新设计方案实验台组件清单。零件1）~33）放在 ZBS-C 机构运动创新设计方案实验台零件柜里，如图1.4（1）-1 所示。

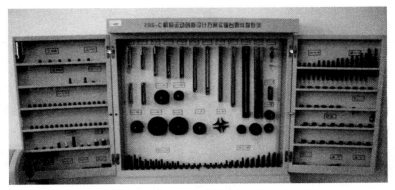

图1.4(1)-1　机构运动创新设计方案实验零件柜

1）齿轮：模数2，压力角20°，齿数为 28、35、42、56，中心距组合为 63、70、77、84、91、98；

2）凸轮：基圆半径20mm，升回型，从动件行程为30mm；

3）齿条：模数2，压力角20°，单根齿条全长为400mm；

4）槽轮：4 槽槽轮；

5）拨盘：可形成两销拨盘或单销拨盘；

6）主动轴：轴端带有一平键，有圆头和扁头两种结构形式（可构成回转或移动副）；

7）从动轴：轴端无平键，有圆头和扁头两种结构形式（可构成回转副或移动副）；

8）移动副：轴端带扁头结构形式（可构成移动副）；

9）转动副轴（或滑块）：用于两构件形成转动副或移动副；

10）复合铰链Ⅰ（或滑块）：用于三构件形成复合转动副或形成转动副+移动副；

11）复合铰链Ⅱ：用于四构件形成复合转动副；

12）主动滑块插件：插入主动滑块座孔中，使主动运动为往复直线运动；

13）主动滑块座：装在直线电机齿条轴上形成往复直线运动；

14）活动铰链座Ⅰ：用于在滑块导向杆（或连杆）以及连杆的任意位置形成转动-移动副；

15）活动铰链座Ⅱ：用于在滑块导向杆（或连杆）以及连杆的任意位置形成转动副或移动副；

16）滑块导向杆（或连杆）；

17）连杆Ⅰ：有六种长度不等的连杆；

18）连杆Ⅱ：可形成三个回转副的连杆；

19）压紧螺栓：规格 M5，使连杆与转动副轴紧固，无相对转动且无轴向窜动；

20）带垫片螺栓：规格 M5，防止连杆与转动副轴的轴向分离，连杆与转动副轴能相对转动；

21）层面限位套：限定不同层面间的平面运动构件距离，防止运动构件之间的干涉；

22）紧固垫片：限制轴的回转；

23）高副锁紧弹簧：保证凸轮与从动件间的高副接触；

24）齿条护板：保证齿轮与齿条间的正确啮合；

25）T 形螺母；

26）行程开关碰块；

27）皮带轮：用于机构主动件为转动时的运动传递；

28）张紧轮：用于皮带的张紧；

29）张紧轮支承杆：调整张紧轮位置，使其张紧或放松皮带；

30）张紧轮轴销：紧固张紧轮；

31）~33）螺栓：特制，用于在连杆任意位置固紧活动铰链座 I ；

34）直线电机：10mm/s，配直线电机控制器，根据主动滑块移动的距离，调节两行程开关的相对位置来调节齿条或滑块往复运动距离，但调节距离不得大于 400mm；

注意：机构拼接未运动前，应先检查行程开关与装在主动滑块座上的行程开关碰块的相对位置，以保证换向运动能正确实施，防止机件损坏；

35）旋转电机：10r/min，沿机架上的长形孔可改变电机的安装位置；

36）实验台机架；

37）标准件、紧固件若干（A 型平键、螺栓、螺母、紧定螺钉等）。

（2）组装、拆卸工具：一字起子、十字起子、呆扳手、内六角扳手、钢板尺、卷尺。

（3）实验需自备笔和纸。

三、实验原理、方法与步骤

1. 实验原理

任何平面机构都是由若干个基本杆组（阿苏尔杆组）依次联接到原动件和机架上而构成的。

2. 实验方法与步骤

（1）掌握平面机构组成原理；

（2）熟悉本实验中的实验设备，各零、部件功用和安装、拆卸工具的使用；

（3）自拟平面机构运动方案，形成拼接实验内容；

（4）将自拟的平面机构运动方案正确拆分成基本杆组（即阿苏

尔杆组）；

　　（5）正确拼接各基本杆组；

　　（6）将基本杆组按运动传递规律顺序联接到原动件和机架上。

四、杆组的概念、拆分与拼装

1. 杆组的概念

　　机构具有确定运动的条件，是其原动件的数目应等于其所具有的自由度的数目。因此，机构可以拆分成机架、原动件和自由度为零的构件组。而自由度为零的构件组，还可以拆分成更简单的自由度为零的构件组。最后不能再拆的、最简单的、自由度为零的构件组，称为基本杆组（或阿苏尔杆组），简称为杆组。

　　由杆组定义，组成平面机构的基本杆组应满足条件：

$$F = 3n - 2P_{\mathrm{L}} - P_{\mathrm{H}} = 0$$

式中，n 为杆组中的构件数；P_{L} 为杆组中的低副数；P_{H} 为杆组中的高副数。由于构件数和运动副数目均应为整数，故当 n、P_{L}、P_{H} 取不同数值时，可得各类基本杆组。

　　（1）高副杆组：图 1.4(1)-2 所示为高副杆组。

$$n = P_{\mathrm{L}} = P_{\mathrm{H}} = 1$$

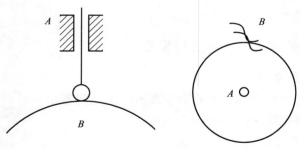

图 1.4(1)-2　高副杆组

　　（2）低副杆组：当 $P_{\mathrm{H}} = 0$ 时，杆组中的运动副全部为低副，称为低副杆组。由于有 $F = 3n - 2P_{\mathrm{L}} = 0$，故 $n = \dfrac{2P_{\mathrm{L}}}{3}$，故 n 应当是 2 的倍数，而 P_{L} 应当是 3 的倍数，即 $n = 2$，4，6…；$P_{\mathrm{L}} = 3$，6，9…。

当 $n=2$、$P_L=3$ 时，基本杆组称为 Ⅱ 级组。Ⅱ 级组是应用最多的基本杆组，绝大多数的机构均由 Ⅱ 级杆组组成。Ⅱ 级杆组可以有图 1.4(1)-3 所示的五种不同类型：

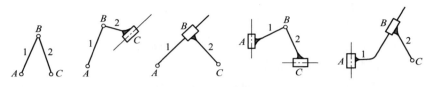

图 1.4(1)-3 平面低副 Ⅱ 级组

当 $n=4$、$P_L=6$ 时，基本杆组特称为 Ⅲ 级组。常见的平面低副 Ⅲ 级组如图 1.4(1)-4 所示。

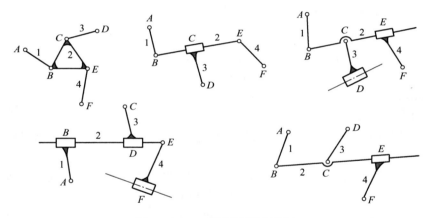

图 1.4(1)-4 平面低副 Ⅲ 级组

由上述分析可知：任何平面机构均可以用零自由度的杆组依次联接到机架和原动件上的方法而形成。因此，上述机构的组成原理是机构创新设计拼装的基本原理。

2. 杆组的正确拆分

杆组应参照如下步骤正确拆分：

（1）正确计算机构的自由度（注意去掉机构中的虚约束和局部自由度），并确定原动件。

（2）从远离原动件的构件开始拆杆组。先试拆 Ⅱ 级组，若拆不出Ⅱ级组，再试拆Ⅲ级组。即杆组的拆分应从低级别杆组拆分开始，依次向高一级杆组拆分。

正确拆分的判别标准为：每拆分出一个杆组后，留下的部分仍应是一个与原机构有相同自由度的机构，直至全部杆组拆出只剩下原动件和机架为止。

（3）确定机构的级别（由拆分出的最高级别杆组而定，如最高级别为Ⅱ级组，则此机构为Ⅱ级机构）。

注意：同一机构所取的原动件不同，有可能成为不同级别的机构。但当机构的原动件确定后，杆组的拆法是唯一的，即该机构的级别一定。

若机构中含有高副，为研究方便起见，可根据一定条件将机构的高副以低副来代替，然后再进行杆组拆分。

3. 杆组的正确拼装

根据事先拟定的机构运动简图，利用机构运动创新设计方案实验台提供的零件，按机构运动的传递顺序进行拼装。拼装时，通常先从原动件开始，按运动传递规律进行拼装。应保证各构件均在相互平行的平面内运动，这样可避免各运动构件之间的干涉，同时保证各构件运动平面与轴的轴线垂直。拼装应以机架铅垂面为参考平面，由里向外拼装。

注意：为避免连杆之间运动平面相互紧贴而摩擦力过大或发生运动干涉，在装配时应相应装入层面限位套。

机构运动创新设计方案实验台提供的运动副拼接方法参见图1.4（1）-5~图1.4（1）-18。

（1）实验台机架：如图1.4（1）-5所示。

实验台机架中有5根铅垂立柱，均可沿x方向移动。移动前应旋松电机侧安装在上、下横梁上的立柱紧固螺钉，并用双手移动立柱到需要的位置后，将立柱与上（或下）横梁靠紧再旋紧立柱紧固螺钉（立柱与横梁不靠紧旋紧螺钉时，会使立柱在x方向发生偏移）。

注意：立柱紧固螺钉只需旋松既可，不允许将其旋下。

立柱上的滑块可在立柱上沿y方向移动。要移动立柱上的滑块，只须将滑块上的内六角平头紧定螺钉旋松即可（该紧定螺钉在靠近

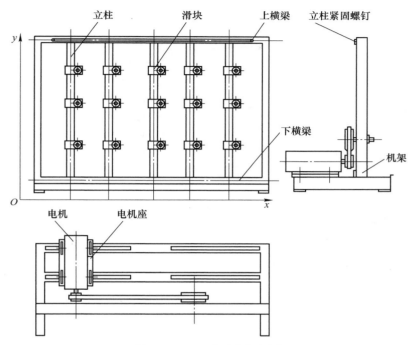

图 1.4(1)-5　实验台机架图

电机侧）。

按上述方法移动立柱和滑块，就可在机架的 x、y 平面内确定固定铰链的位置。

（2）主、从动轴与机架的联接（图 1.4(1)-6 中各零件编号与"机构运动创新设计方案实验台组件清单"序号相同，后述各图均相同）：

按上图方法将轴联接好后，主（或从）动轴相对机架不能转动，与机架成为刚性联接；若件 22 不装配，则主（或从）动轴可以相对机架做旋转运动。

（3）转动副的联接：

按图 1.4(1)-7 所示联接好后，采用件 19 联接端连杆与件 9 无相对运动，采用件 20 联接端连杆与件 9 可相对转动，从而形成两连杆

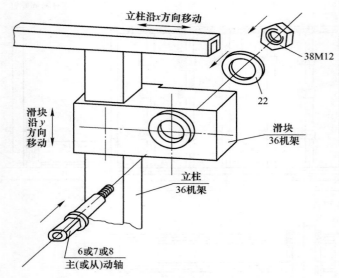

图 1.4(1)-6　主、从动轴与机架的联接

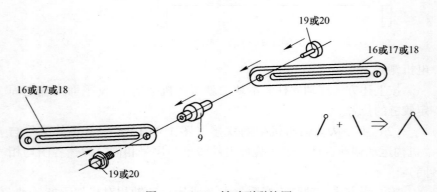

图 1.4(1)-7　转动副联接图

的相对旋转运动。

（4）移动副的联接：图 1.4(1)-8 所示为移动副联接图。

（5）活动铰链座Ⅰ的安装：

如图 1.4(1)-9 联接，可在连杆任意位置形成铰链，且件 9 如图装配，就可在铰链座Ⅰ上形成回转副或形成回转-移动副。

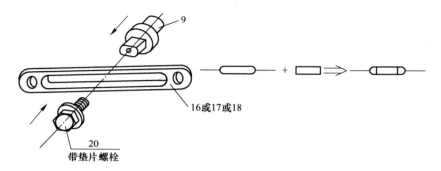

图 1.4(1)-8 移动副联接图

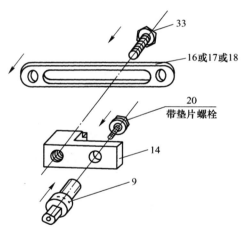

图 1.4(1)-9 活动铰链座Ⅰ联接图

（6）活动铰链座Ⅱ的安装：

如图 1.4(1)-10 联接，可在连杆任意位置形成铰链，从而形成回转副。

（7）复合铰链Ⅰ的安装（或转–移动副）：

如图 1.4(1)-11 所示，将复合铰链Ⅰ铣平端插入连杆长槽中时构成移动副，而联接螺栓均应用带垫片螺栓。

（8）复合铰链Ⅱ的安装：如图 1.4(1)-12 所示。

复合铰链Ⅰ联接好后，可构成三构件组成的复合铰链，也可构成

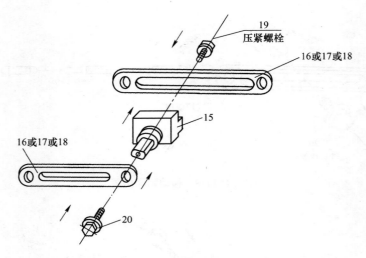

图 1.4(1)-10　活动铰链座Ⅱ的联接图

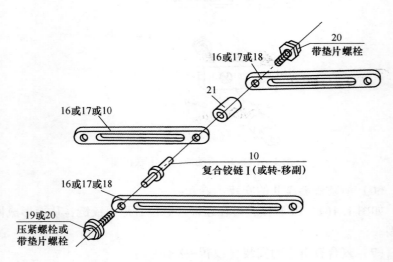

图 1.4(1)-11　复合铰链Ⅰ的联接图

复合铰链+移动副。

　　复合铰链Ⅱ联接好后，可构成四构件组成的复合铰链。

　　(9) 齿轮与主 (从) 动轴的联接：如图 1.4(1)-13 所示。

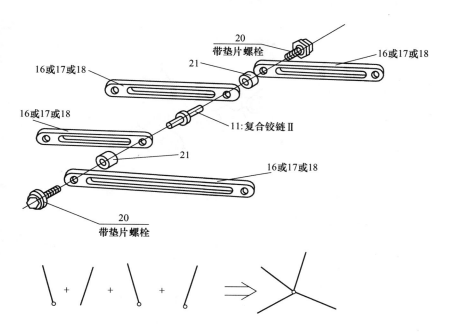

图 1.4(1)-12 复合铰链 II 的联接图

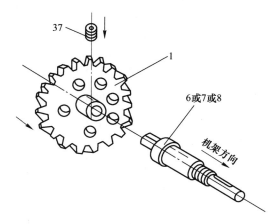

图 1.4(1)-13 齿轮与主（从）动轴的联接图

（10）凸轮与主（从）动轴的联接：如图 1.4(1)-14 所示。

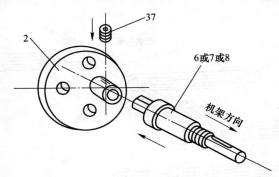

图 1.4(1)-14　凸轮与主（从）动轴的联接图

（11）凸轮副的联接：

如图 1.4(1)-15 所示联接后，连杆与主（从）动轴间可相对移动，并由弹簧 23 保持高副的接触。

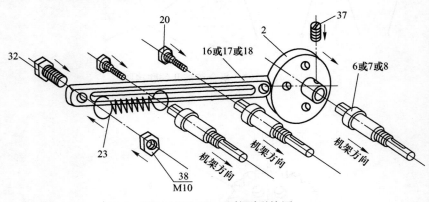

图 1.4(1)-15　凸轮副联接图

（12）槽轮机构联接：如图 1.4(1)-16 所示。

注意：拨盘装入主动轴后，应在拨盘上拧入紧定螺钉 37，使拨盘与主动轴无相对运动；同时，槽轮装入主（从）动轴后，也应拧入紧定螺钉 37，使槽轮与主（从）动轴无相对运动。

（13）齿条相对机架的联接：

如图 1.4(1)-17 所示联接后，齿条可相对机架作直线移动；旋松

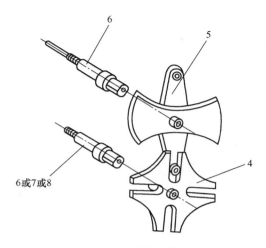

图 1.4（1）-16　槽轮机构联接图

滑块上的内六角螺钉，滑块可在立柱上沿 y 方向相对移动（齿条护板保证齿轮工作位置）。

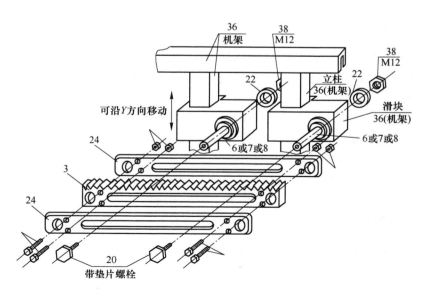

图 1.4（1）-17　齿条相对机架的联接图

（14）主动滑块与直线电机轴的联接：

当由滑块作主动件时，将主动滑块座与直线电机轴（齿条）固联即可，并完成如图1.4(1)-18所示联接，就可形成主动滑块。

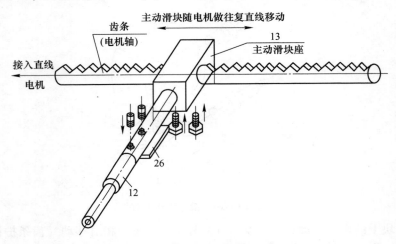

图1.4(1)-18　主动滑块与直线电机轴的联接图

五、实验内容

机构运动创新设计实验，其运动方案可由学生构思平面机构运动简图，进行创新构思并完成方案的拼接，达到开发学生创造性思维的目的。

实验也可选用工程机械中应用的各种平面机构，根据机构运动简图，进行拼接实验。

本实验台提供的配件可完成不少于40种机构运动方案的拼接实验。实验时每台架可由2~3名学生一组，完成不少于1种/每人的不同机构运动方案的拼接设计实验。实验内容也可从实验一及工程机械中的各种机构中选择拼接方案，完成实验。

六、机构运动创新设计方案实验报告

（1）选择比例尺，按比例绘制实际拼装机构的机构运动简图，标出机构中各个构件的实测尺寸和机构自由度。

（2）画出实际拼装机构的杆组拆分简图，并简要说明杆组拆分理由。

七、思考题

（1）机构的组成原理是什么？

（2）何谓基本杆组，它具有什么特性？

（3）如何确定基本杆组的级别和机构的级别？

（4）总结对本次实验的收获、体会，提出建议。

实验四（2）　平面机构创意组合测试分析

一、实验目的

（1）深刻理解机构的组合原理，学会分析测试不同杆组搭接组成的各种机构。

（2）掌握机构运动特性测试方法，提高机构运动分析能力。

（3）培养学生的机构设计的创新意识、综合设计及动手能力。

二、实验仪器

ZNH-B 型平面机构创意组合分析测试实验台。

ZNH-B 型平面机构创意组合分析测试调速器——用于手动调速。

ZNH-B 型平面机构创意组合测试分析仪——显示仪器处于正常工作状态。

ZNH-B 型平面机构创意组合分析测试系统软件。

打印机——用于输出数据曲线

另外，自备铅笔、橡皮、圆规、尺子、草稿纸等。

1. ZNH-B 平面机构创意组合测试分析实验台基本配置

（1）装拆平台。

实验台机架是由六根横梁及两块侧板组成，横梁之间间距可在侧板上调整（见图 1.4(2)-1）。

（2）传动装置：带传动（或链传动）。

（3）柄：一种采用铰接形式，一种采用轴类支承座形式。

（4）凸轮机构：采用等速凸轮（可选配其他凸轮），配有尖顶和滚子两种顶尖。

（5）槽轮机构：采用外槽轮机构，槽轮槽数 $Z=4$，主动销 $n=1$。

（6）棘轮机构：采用齿式外啮合结构。

（7）齿轮齿条机构：采用整体机构，主动齿轮的摆角可调。

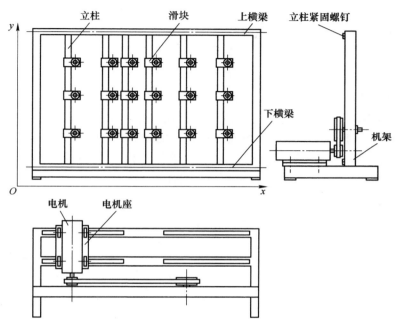

图 1.4(2)-1　实验台机架图

（8）不完全齿轮机构：传动采用整体式结构。

（9）电动机、机架、级杆组、齿轮、各种传动副、移动副等等。

2. ZNH-B 平面机构创意组合分析测试实验配件

（1）齿轮：模数2，压力角20°，齿数60、75、90 三种，中心距组合为：135 mm、150 mm、165 mm。

（2）齿条：模数2，压力角20°，齿条全长为307mm，该齿条可作为 280mm 连杆或作为滑块导轨。

（3）槽轮：4 个槽轮。

（4）拨盘：单销拨盘。

（5）凸轮：一种凸轮基圆半径 45mm，从动件行程 35mm，升程为等速运动规律，回程为等加速运动规律；另一种凸轮基圆半径为 50mm，行程 35mm，推程和回程均为简谐运动规律。

（6）支承轴：扁头结构形式，可构成回转副与移动副，为从动轴，4 件。

（7）转动轴：两种；10 件。

（8）滑块转轴：两种；2 件。

（9）连杆：三种，6 件；等等。

3. ZNH-B 平面机构创意组合测试分析仪

ZNH-B 平面机构创意组合测试分析仪是采用微电脑技术设计的智能化、高精度电子仪器，能与各种量程的光栅式角位移传感器及电压式线位移传感器配套使用，通过测量各种机械机构的运动参数（角位移 φ、角速度 ω、角加速度 ε、线速度 v、线加速度 a 等），来了解的机构运动原理和特征。

（1）技术指标：见表 1.4(2)-1。

表 1.4(2)-1 技术指标

项目	角位移测量	直线位移测量
配用传感器	光栅式角位移传感器（2 路）	感应式直线位移传感器
精度	传感器精度	传感器精度
测量范围	99~9999 脉冲/转	
信号要求	高电平>2.5V，低电平<0.5V	0~5V 输出
单位	弧度	mm

（2）使用方法

1）信号输入

①输入角度测量信号：用仪器附带的高频电缆线将仪器的插座Ⅰ、Ⅱ、Ⅲ与传感器的相应插座Ⅰ、Ⅱ、Ⅲ联接即可。

②输入转速信号：用仪器附带的高频电缆线将仪器的插座Ⅲ与直线位移传感器联接即可。

2）常数输入

常数说明见表 1.4(2)-2：

表 1.4(2)-2　常数说明

名　称	说　明
角位移 1 传感器脉冲数	见传感器铭牌
功能 1	扩展功能参数
角位移 2 传感器脉冲数	见传感器铭牌
功能 2	扩展功能参数
量程上限值	见直线位移传感器铭牌
量程下限值	见直线位移传感器铭牌
采样周期（ms）	一般选 3000
节点号	254
实验选择	实验号选择

角位移 1、2 传感器脉冲数：见传感器铭牌，仅适用于光栅式传感器。

功能 1：在"角位移 1 设置"菜单内，为仪器内部扩展功能参数，这里扩展了一个功能：功能 1 设置为 0 时，将关闭仪器的液晶显示（液晶显示会占用 mcu 运算时间，屏蔽显示会提高测量精度）；大于 1 时，恢复显示。

注意：仪器液晶显示的值仅作为机构和仪器正常运转的标志，如不需要，请把显示关闭。

功能 2：在"角位移 2 设置"菜单内，为仪器内部备用扩展功能参数，这里设置为 0 就可以了。

实验选择：每种机构测量前，确认实验机构编号，将编号置入此参数。机构编号请查询配套软件的"实验选择"界面。

采样周期：单位 ms，一般建议选用 3000ms。如果超过设定值，节点号 001。

前面板键操作：

[SET] 设置键：用于进入主菜单和常数设置。当仪器处于测量状态时，按下 [SET] 键，仪器进入主菜单界面。通过 [→]、[↓] 两个键选择相应的菜单项，再按 [SET] 键，仪器将执行相应的功能或者进入下一级菜单。

[→] 键：用于选择数字位。按下 [→] 键，可修改位向右移动

一位，并反白该位以表示可以更改此位数值。

［↓］键：用于菜单选择和编辑常数。编辑常数时，为-1键；按下［↓］键，反白位将为-1；选择菜单时，菜单条下移。

［DIP］功能键：当机构校零时，可配合节点号参数使用（按下该键前确保节点号为254）。平时可作刷新屏幕用（当仪器运行时，外部电干扰可能会影响液晶的正常显示，出现花屏。此时可直接按此键进行刷新）。

［RUN］键：在任何时候按下［RUN］键，仪器将进入循环测量显示状态。

［RST］键：复位键，按下［RST］键，仪器复位。

3）具体操作方法

开机键→［SET］键：按下［→］键进入角位移1设置：脉冲1000，功能0060→［SET］键→［DIP］功能键：按下［→］键进入角位移1设置：脉冲1000，功能0060→［SET］键→［DIP］键：按下［→］键进入直线位移设置：上线值0160，下线值0000→［SET］键→［DIP］键：按下［→］键进入采样周期设置：采样周期3000，节点号001→［SET］键→［DIP］键：按下［→］键进入实验设置：实验项目号→［SET］键→［RUN］键

（3）仪表显示参数说明

ZNH-B所有测量显示的参数均用符号表示。

转速：角位移1传感器（主动轴）转速用符号 n 表示，单位r/min。

摆角：角位移2传感器（从动轴）最大摆动角度用符号 ϕ 表示，单位Rad。

角摆动次数：角位移2传感器（从动轴）来回摆动次数用符号S1表示。

行程：直线位移传感器（从动件）最大行程用符号L表示，单位mm。

线摆动次数：直线位移传感器（从动件）来回摆动次数用符号S2表示。

（4）机械结构零点安装要点

零点安装至关重要，安装误差将导致测量精度的下降，也会导致

测量曲线的混乱。

1）设置仪器参数"节点号"为254，在测量主界面按下［DIP］键，仪器将进入仪器零点安装提示部分，主动轴转到零点时仪器会有蜂鸣提示，使用电机调速电位器调整位于角位移传感器2的从动轴至摆动极限位置时停止（如果机构无角位移2传感器，则改为调整直线位移传感器至最大位置）。

2）仔细调整主动轴，至仪表刚好发出声音时固定。

3）调整位于角位移传感器2的从动轴至摆动极限位置固定。如果机构带有直线位移传感器，将其调整至最大极限位置（如机构无角位移2传感器，此步省略）。

注意：调零操作只能在进入测量状态后才能进行，即［DIP］键操作只能在测量界面才起作用。

4. 机械平面组合创意测试分析系统软件介绍

（1）主界面。由三部分构成，系统软件主界面如图1.4(2)-2所示。

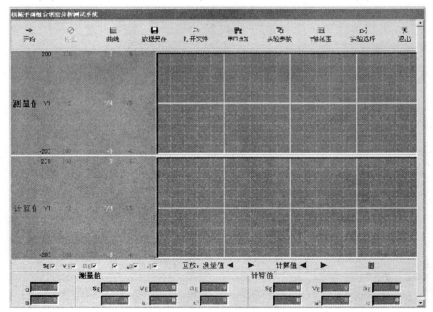

图1.4(2)-2 系统软件主界面图

主控栏：在页面最上面，用于放置程序的各主要功能按钮。

曲线显示栏：在页面中间，用于显示曲线，并控制曲线显示的数量、回放及缩放。

数据显示栏：在页面最上面，用于显示当前的测量及计算数据。

（2）程序的主要功能按钮

程序的功能主要由"开始""停止""曲线""数据保存""打开文件""串口设置""实验参数""Y轴范围""实验选择"及"退出"这 10 个按钮完成，所以称之为主要功能按钮。其中：

"开始"按钮，用于启动数据采样，这时程序开始从仪器接收数据，并自动分析计算，将结果绘制成实时曲线，在曲线显示栏中显示出来。"停止"按钮，则是让程序停止数据采样，以便执行其他功能。

"曲线"按钮，用于预览分析并打印当前实时曲线。

"数据另存"按钮和"打开文件"按钮分别用于保存当前数据及打开以前存储的数据文件。

"实验参数"按钮，如图 1.4(2)-3 所示，用于设置实验中需要的各项参数。

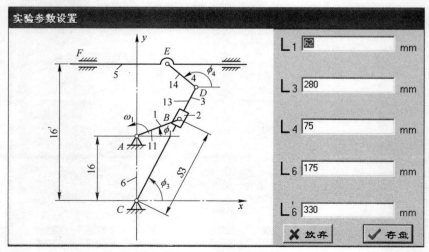

图 1.4(2)-3　实验参数设置页面

"Y 轴范围" 按钮用于设置实时曲线的 Y 轴坐标范围，如图 1.4(2)-4 所示。

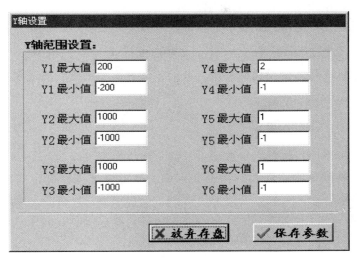

图 1.4(2)-4　Y 轴范围设置

"实验选择" 用于选择当前要进行的实验，如图 1.4(2)-5 所示。

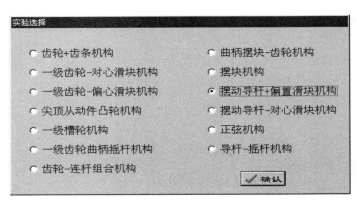

图 1.4(2)-5　实验选择页面

选定要进行的实验后，按 "确认" 键后有效。

（3）曲线显示栏的控制

程序的主要功能都是由主控栏中的主要功能按钮完成的，只有实时曲线的控制是由曲线显示栏中的复选框和功能按钮完成的。其中，曲线的数量由复选框☑来决定，选中当前复选框，表示显示该条曲线；反之，则隐藏该曲线。而回放控制按钮

回放：测量值◀　▶　　　计算值◀　▶　　　　　　　▦

的作用依次是：测量值的后退、前进，计算值的后退、前进以及传感器测试。

三、实验原理

根据平面机构的组成原理：任何平面机构都可以由若干个基本杆组依次联接到原动件和机架上而构成，故可通过实验规定的机构类型，选定实验的机构，并拼装该机构；在机构适当位置装上测试元器件，测出构件每时每刻的线位移或角位移，通过对时间求导，得到该构件相应的速度和加速度，完成参数测试。

实验前，一定要预习相关知识，根据基本配置，可以组装成以下12 种机构（供参考）：

（1）齿轮导杆/摇杆机构（A）；

（2）齿轮—曲柄摇杆机构；

（3）齿轮连杆偏心滑块机构；

（4）齿轮连杆对心滑块机构；

（5）齿轮导杆对心滑块机构；

（6）齿轮导杆偏心滑块机构；

（7）凸轮机构；

（8）槽轮机构；

（9）棘轮机构；

（10）链-齿轮机构；

（11）齿轮-齿条机构；

（12）不完全齿轮机构，等等。

实验时，由学生选定或教师指定设计实验的机构类型，进行相关参数的测试与分析。

四、实验内容及要求

（1）搭接一种Ⅱ级基本杆组，将Ⅱ级基本杆组分别与机架和主动件相搭接组成机构。

（2）用不同的杆组，按不同的顺序排列杆组，搭接组成机构。

（3）小结在搭接过程中得到哪些有创意的机构，画出创新机构运动简图，并拆分杆组。

（4）设计一个你认为有创意的机构，画出机构运动简图，并在实验台上搭接实现。

（5）测试出构件的（角）位移 φ、（角）速度 ω、（角）加速度 ε，输出曲线。

五、实验报告要求

（1）写出实验目的、实验内容和实验原理。

（2）画出创新机构的机构运动简图及拆分杆组。

（3）写出测试分析报告、机构的特点和创新点，以及实验体会等。

（4）回答思考题。

六、思考题

（1）机构的组成原理是什么？

（2）何谓基本杆组，它具有什么特性？

（3）如何确定基本杆组的级别和机构的级别？

（4）总结本次实验的收获、体会、提出建议。

附录1 机械原理实验报告格式及要求

附录1.1 机械原理实验一
机构运动简图的绘制与分析实验报告

1. 实验目的

（1）机构名称：

机构运动简图

比例尺：$\mu l =$ （mm/mm）

机构自由度计算：

（2）机构名称：

机构运动简图

比例尺：$\mu l =$ （mm/mm）

机构自由度计算：

（3）机构名称		（4）机构名称	

机构运动简图　　　　　　　　　　　　　机构运动简图

机构自由度计算：　　　　　　　　　　　机构自由度计算：

（5）机构名称		（6）机构名称	

机构运动简图　　　　　　　　　　　　　机构运动简图

机构自由度计算：　　　　　　　　　　　机构自由度计算：

2. 回答思考题，并写出实验体会、收获、建议

附录 1.2 机械原理实验二
渐开线齿轮成原理实验报告

1. 实验目的

齿轮的基本参数 $m =$ $Z =$ $\alpha =$ $h^* =$ $c^* =$ $d =$

刀具的基本参数 $m =$ $\alpha =$ $h^* =$ $c^* =$ $d =$

2. 实验结果比较

项 目	变位齿轮计算公式	标准齿轮计算结果（$x=0$）	变位齿轮计算结果
分度圆直径 d			
基圆直径 d_b			
齿根圆直径 d_f			
齿顶圆直径 d_a			
齿距 P			
分度圆上齿厚 S			
分度圆上齿槽 e			
基圆齿距 P_b			
顶圆齿厚 S_a			
变位系数 x			
齿形比较			

3. 写出计算过程

4. 回答思考题

附录 1.3 机械原理实验三
齿轮参数测定实验报告

1. 测量数据记录（表1）

项目 \ 齿轮	$Z_1 =$ （偶数齿）		$k =$		$Z_2 =$ （奇数齿）		$k =$	
	I	II	III	平均值	I	II	III	平均值
W_k								
W_{k+1}								
d_k								
H_1								
H_2								
d_a								
d_f								

2. 计算书

$Z_1 =$ 齿轮计算过程：

$Z_2 =$　　　　　　　　　　　　　　　齿轮计算过程：

3. 计算结果（表2）

项目	Z	m/mm	$\alpha/(°)$	h_a^*	c^*	x
Z_1 齿轮						
Z_2 齿轮						

4. 回答思考题

附录1.4（1） 机械原理实验四（1）平面机构运动创新设计实验报告

1. 按比例画出机构运动简图并拆分基本杆组

机构名称：

机构运动简图 　　　　　　　　　　拆分杆组

机构自由度计算：

2. 写出实验过程，主要叙述机构设计和搭接过程

3. 回答思考题并且谈谈你设计的机构创新点

附录1.4（2） 机械原理实验四（2）
平面机构创意组合测试分析实验报告

1. 按比例画出机构运动简图并拆分基本杆组

机构名称：

机构运动简图 　　　　　　　　　　　　　拆分杆组

机构自由度计算：

2. 简写实验过程及机构特点，分析测试结果

3. 回答思考题并且谈谈实验体会

下　篇

机械设计实验

实验一　带传动的弹性滑动和效率的测定

一、实验目的

（1）通过实验测定 V 带传动的滑动曲线和效率曲线，并确定单根 V 带所传递的功率。

（2）观察带传动的弹性滑动与打滑现象。

（3）掌握转矩与转速的基本测量方法。

二、实验台设备及工作原理

实验台由主机和控制箱两部分组成（图 2.1-1、图 2.1-2）。图 2.1-1中的电机 1 和电机 2 为异步电动机，电机 1 主动，电机 2 从动。两台电机分别由一对滚动轴承支承悬架，便于测定电机的工作转矩。当电机接通电源后，电磁力矩作用在转子上，使转子转动，带动带轮工作，即表现为工作转矩；同时，机壳受到该转矩的反作用，使机壳翻转。只要将机壳翻转力矩测出，就知道了工作力矩。

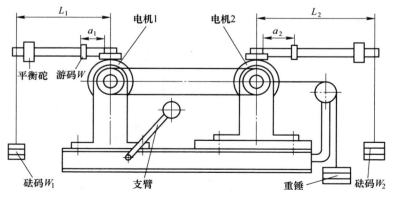

图 2.1-1　皮带传动实验台

为了测出转矩，在两电机上都装有杠杆。实验前，将杠杆上的游码放在零点处，调整机壳下的配重，使电机水平；加载后，机壳受力矩作用（本实验台有意让电机1受到顺时针方向的力矩），此时移动游码或在杠杆上增加砝码重，使电机获得新的平衡，从而测得转矩变化的大小。

为了能正确地反映皮带的初拉力，在电机2的支架下面装置滚动导轨，电机可沿导轨方向移动，从而可以忽略摩擦力对初拉力的影响。

实验台加载原理为：将电机2的转速设计成超同步转速运行，此时异步电机便进入发电机运行状态。由于转子导体切割旋转磁场的方向改变，使转子电势以及电流都改变了方向，从而使电磁转矩的方向相反，成为一个制动转矩。为了维持电机继续运转，必须由外界对转子输入机械转矩，以克服由电磁转矩所造成的制动转矩。这样，异步电机就将输入的机械能转换成电能，送入电网。这样不仅实现了对带传动的加载，而且节省了实验所需的电能，实现经济实验。

实验台用了两只三相感应调压器（见图2.1-2）。调压器1用以调节电机1的电压，使主动轮转速保持常量；而调压器2用于调节电机2的电压，使电机轴产生扭矩变化，从而改变加于传动带上的载荷。

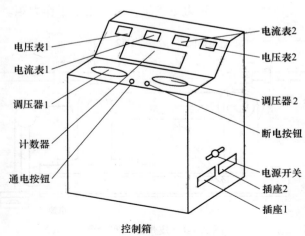

控制箱

图 2.1-2　皮带、齿轮传动实验台控制箱

三、带传动效率及滑动率的测定

带传动在工作时，由于带的松紧和两边弹性变形不等而引起的带轮间的滑动，称为弹性滑动。它是带传动中不可避免的现象，而且随着传递功率的增减而变化。当传递的圆周力逐渐增大，超过带与带轮间的摩擦力时，带将沿着轮面发生显著的滑动，即产生打滑。打滑将使带的磨损加剧，从动轮转速急剧降低，甚至使传动失效。故打滑应予避免。

通过实验可以获得滑动的定量关系。在规定的初拉力条件下，逐次改变有效圆周力 F_e，测出其滑动率 ε 及效率 η，即可获得滑动曲线 ε-F_e 和效率曲线 η-F_e。

1. 效率 η 的测定

根据效率的定义，其值为：

$$\eta = \frac{\text{输出功率}}{\text{输入功率}} = \frac{M_2\omega_2}{M_1\omega_1}100\% = \frac{M_2 n_2}{M_1 n_1}100\%$$

式中　M_1，M_2——分别为带传动输入和输出转矩，N·mm；

n_1，n_2——分别为主动带轮和从动带轮的转速，r/min。

转矩的测量由两部分组成：当电机启动后，移动游码 W 或同时增加砝码 W_1、W_2 的重量，使电机重新取得水平。游码 W 移动的距离为 $a_1(a_2)$，故知游码给电机输出转矩为 $a_1 W(a_2 W)$；而增加的砝码重 $W_1(W_2)$ 给电机输出转矩为 $W_1 L_1(W_2 L_2)$，故输入转矩 M_1 和输出转矩 M_2 可按下列公式求出：

$$M_1 = (L_1 W_1 + a_1 W) \times 9.8 \quad (\text{N·mm})$$
$$M_2 = (L_2 W_2 + a_2 W) \times 9.8 \quad (\text{N·mm})$$

式中　W——游码重量，$W = 0.156$kg；

a_1，a_2——分别为电机 1 和电机 2 杠杆上的游码距离，mm；

W_1，W_2——所加砝码重量，kg；

L_1，L_2——电机杠杆的力臂长（秤盘至电机轴线之间距离），$L_1 = L_2 = 298$mm。

2. 滑动率 ε 的测定

根据滑动率的定义，其值为：

$$\varepsilon = \frac{V_1 - V_2}{V_1} \times 100\% = \frac{D_1 n_1 - D_2 n_2}{D n_1} \times 100\% = \left(1 - \frac{D_2 n_2}{D_1 n_1}\right) \times 100\%$$

式中　D_1，D_2——分别为主动带轮和从动带轮的计算直径，mm，

$$D_1 = 77 \text{mm}, \quad D_2 = 67 \text{mm}_\circ$$

3. 有效圆周力 F_e 的确定

有效圆周力可按下式计算：$F_e = \dfrac{M_2}{D_2/2}$（N）。

4. 转速测量原理及方法

（1）本机使用光电测速。光电测速仪由光电传感器和数字显示仪组成。图 2.1-3 为直射式光电转速传感器的原理图。在被测轴上装有测速圆盘，在盘上均匀地开出 60 条细缝，圆盘的两侧装有红外发光管和光敏二极管。当圆盘转至缝隙和光电管处于同一直线上时，光线直接投射到光电管上，产生一个电脉冲。这样，当轴转一周时，光电管发出和盘上所开缝隙相同的脉冲数（60 个），计数器（测速仪）以 1 秒时间内的信号个数取样，则数码管显示的数字即表示每分钟轴的转速。

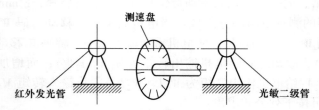

测速盘

红外发光管　　　　　　　　　　　　光敏二级管

图 2.1-3　光电测速

（2）磁电测速（4～7 号新实验台）：图 2.1-4 为磁电测速原理图。其结构是在电机轴尾端固定支架上装有接近开关，电机轴上镶嵌一磁块，每转一转给出一个磁脉冲信号，通过接近开关接收并取样。接转速表数值显示两电机轴的转速。

（3）闪光测速：用闪光测速仪调节光电管的闪光频率与轮的角速度相同，使光电管每次发光时均照射在同一位置处。当肉眼观察带轮上标记几乎静止时，测速仪显示的转速即为所测带轮的转速，带的滞后即为带的弹性滑动。

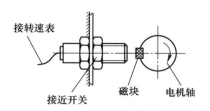

图 2.1-4　磁电测速

四、实验步骤

（1）在通电前做好如下准备工作：

1）将被测试带取下，使杠杆尺上的游砣放在零点处，调整配重或平衡砣使电机平衡，然后装上被测试带（一般实验前已做）；

2）施加适当的初拉力（对于 A 型 V 带可取 50~90N）；

3）将两调压器指针调为零；

4）合上各插座，并检查接头是否可靠。

（2）转动调压器 1 旋钮，启动电机 1。

（3）测量空载下两电机转速 n_{10} 和 n_{20}。

（4）缓慢转动调压器 2 旋钮，逐级加载（每次可调 25V 左右）。每加载一次，同时调压器 1 使电机 1 转速恒定（1420r/min），然后平衡杠杆；测速，记录所测数据，填入记录表。

（5）测试完毕，应将 1、2 两调压器旋钮同时缓慢转到零位，卸去杠杆上的砝码，切断总电源，卸去初拉力。

（6）整理数据，写出实验报告。

五、实验报告要求

（1）写出实验目的。

（2）简述实验设备及工作原理。

（3）填写实验记录及计算数据。

（4）绘制带传动效率曲线和滑动率曲线（纵坐标为效率 η、ε，横坐标为带的有效圆周力 F_e）。

（5）思考并回答问题。

六、思考题

（1）带传动效率与哪些因素有关，为什么？

（2）带传动中弹性滑动与打滑有何区别，它们对带传动各有什么影响？

（3）带与主动轮间的滑动方向和带与从动轮间的滑动方向有什么区别，为什么会出现这种现象？

（4）解释实验所得的效率和滑动曲线。

（5）总结本次实验的收获、体会，提出建议等。

实验二 （1） 齿轮传动效率的测定

一、实验目的及要求

（1）了解实验台的基本原理及其结构。
（2）测定齿轮传动的效率，掌握测试方法。

二、实验设备及工作原理

实验台由主机（见图2.2(1)-1）和控制箱（见实验一图2.1-2）两部分组成。主机采用两台三相异步电动机，一台作主动电机，一台作负载电机；齿轮箱安装于两电机之间。

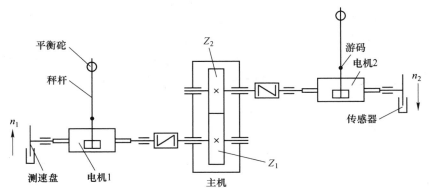

图 2.2(1)-1　齿轮传动实验台主机

两电机分别安装在轴承支座上，可绕自身的轴线自由摆动。为测得平衡力矩，电机顶部装有秤杆，秤杆上装有镶嵌水准泡的平衡砣，电机底面装有可调配重平衡铁。两电机轴的尾部装有测速盘，测速盘开有60条细缝，两侧分别装有红外发光管和光敏二极管，作为直射式红外光电传感器。测速盘每转一周给出60个脉冲信号，按一秒时间计数取样，数码管数字显示两电机轴的转速（见图2.1-3）。

控制箱面板上装有电流表和电压表（见图 2.1-2），电流表用于监视电机的负荷，电压表用于显示电压大小。面板上装有断电按钮和通电按钮，按下通电按钮，表示电机控制回路已接通。此时若调节调压器给电机供电，电机即可启动运行。控制台安装有两只调压器，是为了使输入转速恒定，以便测定一定转速下不同载荷的传动效率。

两台同型号的异步电机分别通过三相调压器并接于电网，设计时使两台电机的转向相反，且使齿轮箱主动齿数大于从动轮的齿数。这样，当运行时电机 1 的转速低于同步转速，处于电动机运行状态，它所产生的电磁转矩与电机转子的转向相同，将电能转换成机械能，同时通过齿轮传动迫使电机 2 在高于同步转速状态下运行，电机 2 所产生的电磁转矩与电机转子转向相反，成为制动转矩。此时，电机 2 已进入发电机状态运行，将由齿轮传动输入的机械能转换成电能送入电网。这样不仅实现了对齿轮传动的加载，而且大大节省了实验所需的电能。

三、齿轮传动效率测定

单纯的齿轮副效率测定比较复杂，这里的齿轮效率是指齿轮传动效率，它包括啮合效率、轴承效率以及搅油效率等。

通常，效率是根据输出功率和输入功率之比来确定的，本实验采用测量转速和转矩的方法确定功率的大小：

$$P_2 = \frac{M_2 n_2}{9550}(\text{kW}) \qquad P_1 = \frac{M_1 n_1}{9550}(\text{kW})$$

因而效率可表达为：

$$\eta = \frac{P_2}{P_1} = \frac{M_2}{i M_1}$$

式中 P_1，P_2——输入、输出功率；

M_1，M_2——输入、输出转矩；

$$M_1 = (L_1 W_1 + a_1 W) \times 9.8$$
$$M_2 = (L_2 W_2 + a_2 W) \times 9.8 (\text{N} \cdot \text{mm})$$

L_1，L_2——砝码盘悬挂点与电机轴线之间的垂直距离，

$$L_1 = L_2 = 298 (\text{mm})$$

W_1，W_2——所加平衡砝码质量，kg；

a_1，a_2——杠杆上游码位质量，mm；

W——游码质量，$W=0.156\text{kg}$；

i——齿数比（传动比）。

四、实验步骤

（1）实验准备。

1）观察了解实验台主要结构、工作原理和操作方法；

2）调零，将秤杆上游码放零点处，调配重或微调平衡砣，使电机水平；

3）将调压器指针调至零位；

4）插上各插座，并检查接头是否可靠；

5）接通电源，按下通电电钮，转动调压器1旋钮，启动电机1，确认转向如联轴器1上箭头所示方向后，调压器1指针回零。再调电机2，确认转向如联轴器2上箭头所示方向后，使调压器2指针回零（实验前已做）。

（2）调压器1，启动电机1，使电机1转速 $n_1=915\text{r/min}$，测空载下转矩和转速。

（3）缓慢转动调压器2旋钮，逐级加载（每次约调25V左右），每加载一次，同时调压器1使电机1的转速恒定（915r/min），然后平衡杠杆，测速，记录所测数据，填入记录表（加载操作不得超过电机额定电流、电压值）。

（4）测试完毕，应将1、2两调压器旋钮同时缓慢转到零位，卸去砝码，切断总电源。

整理数据，写出实验报告。

五、实验报告要求

（1）写出实验目的。

（2）简述实验设备及工作原理。

（3）填写试验记录及计算数据。

（4）绘制齿轮传动效率曲线（纵坐标为效率 η，横坐标为输出转矩 M_2）。

（5）思考并回答问题。

六、思考题

（1）试分析影响齿轮传动效率的因素和提高效率的措施。

（2）测定齿轮传动效率，除用本设备外，还可用其他什么方法，试比较其优缺点。

（3）总结本次实验的收获、体会，提出建议等。

实验二（2） 机械传动性能综合测试

一、实验目的

（1）通过测试常见机械传动装置（如带传动、链传动、齿轮传动、蜗杆传动等）在传递运动与动力过程中的参数曲线（速度曲线、转矩曲线、传动比曲线、功率曲线及效率曲线等），加深对常见机械传动性能的认识和理解。

（2）通过测试由常见机械传动组成的不同传动系统的参数曲线，掌握机械传动合理布置的基本要求。

（3）通过实验认识智能化机械传动性能综合测试实验台的工作原理，掌握计算机辅助实验的新方法，培养进行设计性实验与创新性实验的能力。

二、实验设备

本实验在"机械传动性能综合测试实验台"上进行。实验台采用模块化结构，由不同种类的机械传动装置、联轴器、变频电机、加载装置和工控机等模块组成。学生可以根据选择或设计的实验类型、方案和内容，自己动手进行传动联接、安装调试和测试，进行设计性实验、综合性实验或创新性实验。机械传动性能综合测试实验台各硬件组成部件的结构布局如图 2.2(2)-1 所示。

实验台组成部件的主要技术参数见表 2.2(2)-1。

为了提高实验设备的精度，实验台采用两个扭矩测量卡进行采样，测量精度达到 ±0.2%FS，能满足教学实验与科研生产试验的实际需要。

机械传动性能综合测试实验台采用自动控制测试技术设计，所有电机程控启停，转速程控调节，负载程控调节，用扭矩测量卡替代扭矩测量仪，整台设备能够自动进行数据采集处理，自动输出实验结果，是高度智能化的产品。实验台控制系统主界面如图 2.2(2)-2 所示。

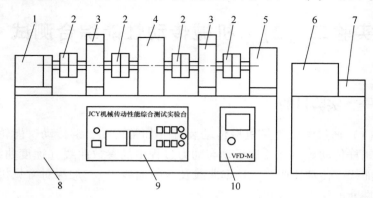

图 2.2(2)-1　实验台结构布局

1—变频调速电机；2—联轴器；3—转矩转速传感器；4—试件；5—加载与制动装置；
6—工控机；7—打印机；8—电器控制柜；9—台座；10—变频调速器

表 2.2(2)-1　实验台组成部件的主要技术参数

序号	组成部件	技　术　参　数	备　注
1	变频调速电机	功率 0.55kW，同步转速 1500r/min 额定电压 380V，中心高 80mm	
2	ZJ 型转矩转速传感器	Ⅰ. 规格：ZJ10 型，额定转矩 10N·m，轴径 $\phi14$，输出讯号幅度不小于 100mV，中心高 60mm； Ⅱ. 规格：ZJ50 型，额定转矩 50N·m，轴径 $\phi25$，输出讯号幅度不小于 100mV，中心高 70mm	
3	机械传动装置（试件）	直齿圆柱齿轮减速器：$i=5$，$Z_1=19$，$Z_2=95$，中心高 120，中心距 $a=85.5$，轴径 $\phi18$； 摆线针轮减速器：$i=9$，中心高 120，轴径 $\phi20$、$\phi35$； 蜗杆减速器：$i=10$，中心距 $a=50$，轴径 $\phi12$、$\phi17$； V 型带传动：$D_1=70$，$D_2=115$；$D_1=76$，$D_2=145$；$D_1=70$，$D_2=88$； 齿形带传动：带轮 $Z_1=18$，$Z_2=25$； L 型齿型带：3×14×80，3×14×95； 套筒滚子链传动：$Z_1=17$，$Z_2=25$	1 台 1 台 WPA50-1/10 V 型带 3 根 各 1 根 08A 型 3 根

续表 2.2(2)-1

序号	组成部件	技 术 参 数	备 注
4	磁粉制动器 FZ-5 型	额定转矩：50N·m；激磁电流：2A；允许滑差功率：1.1kW	
5	工控机		
6	轴承支承	中心高 120mm，轴径（a）φ18，轴径（b）φ14、φ18	

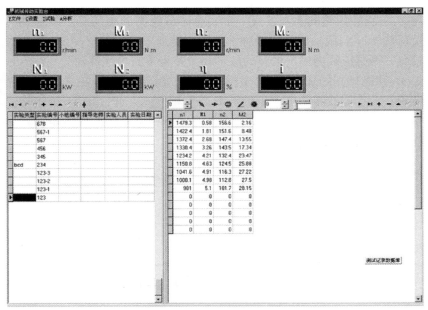

图 2.2(2)-2　实验台控制系统主界面

三、实验原理

1. 实验台工作原理

机械传动性能综合测试实验台的工作原理如图 2.2(2)-3 所示。

2. 测试传感器及控制工作原理

（1）扭矩转速传感器工作原理

如图 2.2(2)-4 所示，在弹性轴上安装两个齿数和模数相同的齿

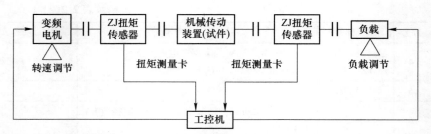

图 2.2(2)-3　机械传动性能综合测试实验台工作原理图

轮 Z_1、Z_2，齿轮的上方各有一个套有感应线圈的磁铁。当弹性轴无负荷旋转（空载）时，由于弹性轴无扭转变形，齿轮 Z_1、Z_2 无相对转角，两感应线圈输出电量的波形相位差为零；当弹性轴受到输入扭矩 M_1 和输出扭矩 M_2 作用产生扭转变形，齿轮 Z_1、Z_2 随之产生相对转角，两感应线圈输出电量的波形产生相位差，通过 TC-1 转矩转速测试卡和 PC-400 数据采集控制卡，将这一相位差转换成扭矩和转速并计算得出功率，其值由显示器显示。

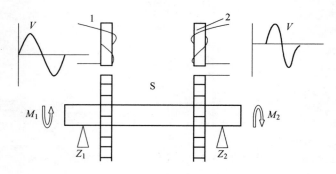

图 2.2(2)-4　扭矩转速传感器工作原理
1—线圈；2—磁铁

（2）加载工作原理

如图 2.2(2)-5 所示，加载器由动盘、静盘、磁粉组成，当线圈不通电流时，动盘无阻尼，空载转动；当线圈通电流时，将磁粉磁化。被磁化的磁粉在动盘与静盘之间产生磁阻尼，阻止动盘转动，起到加载的作用。改变电流的大小，便能改变磁阻尼的大小。

（3）变频电动机工作原理

交流电动机额定转速是在频率为 50Hz 条件下给出的，改变输入频率即可改变交流电动机的转速，但输出功率也将发生变化。改变电动机输入频率的装置，称为交流变频器，其除具有改变电机频率的功能之外，还可控制电动机的启动升降速时间及过载保护。

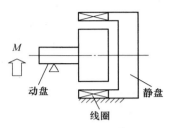

图 2.2(2)-5 加载工作原理图

值得注意的是，变频器的特性是输出频率与输出电压的比值，为一常数，当输出频率降低时，输出电压也随之降低。为保证输出功率，就必须加大输出电流。普通 Y 系列电动机降速使用时，因电流超过额定电流加之通风不良，将引起发热和击穿定子线圈，所以普通 Y 系列电动机调速使用是有一定范围限制的。

四、实验内容与操作方法

（一）实验内容与类型

运用"机械传动性能综合测试实验台"能完成多类实验项目，见表 2.2(2)-2，教师可根据专业特点和实验教学改革需要指定项目，也可以让学生自主选择或设计实验类型与实验内容。

表 2.2(2)-2 实验项目

类型编号	项目名称	被测试件	项目适用对象	备　注
A	典型机械传动装置性能测试实验	在带传动、链传动、齿轮传动、摆线针轮传动（新增）、蜗杆传动等中选择	专科 本科	
B	组合传动系统布置优化实验	由典型机械传动装置按设计思路组合	本科	部分被测试件如拓展性实验设备可另购

类型编号	项目名称	被测试件	项目适用对象	备　注
C	新型机械传动性能测试实验	新开发研制的机械传动装置	研究生	被测试件由教师提供，或另购拓展性实验设备

　　无论选择哪类实验，其基本内容都是通过对某种机械传动装置或传动方案性能参数曲线的测试，来分析机械传动的性能特点。

　　实验中，利用实验台的自动控制测试功能，可自动测出机械传动的性能参数，如转速 $n(\mathrm{r/min})$、扭矩 $M(\mathrm{N \cdot m})$、功率 $N(\mathrm{kW})$，并按照以下关系自动绘制参数曲线：

传动比　　　　　　　　　$i = n_1/n_2$

扭矩　　　　　　　$M = 9550 \dfrac{N}{n}(\mathrm{N \cdot m})$

传动效率　　　　　　$\eta = \dfrac{N_2}{N_1} = \dfrac{M_2 n_2}{M_1 n_1}$

　　根据参数曲线（见图 2.2(2)-6），可以对被测机械传动装置或传动系统的传动性能进行分析。

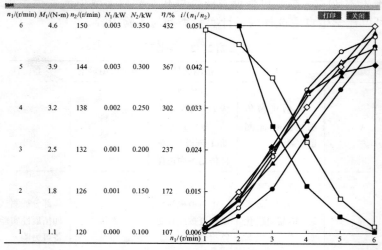

图 2.2(2)-6　参数曲线（示例）

参考图 2.2(2)-7 所示实验方法，进行实验操作。

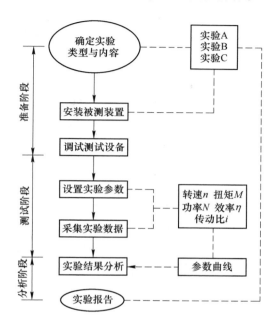

图 2.2(2)-7　实验步骤图

（二）实验操作方法

1. 准备阶段

（1）认真阅读本书相关内容。

（2）确定实验类型与实验内容：

1）选择实验 A（典型机械传动装置性能测试实验）时，可从 V
带传动、同步带传动、套筒滚子链传动、圆柱齿轮减速器、蜗杆减速
器中，选择 1~2 种进行传动性能测试实验。

2）选择实验 B（组合传动系统布置优化实验）时，则要确定选
用的典型机械传动装置及其组合布置方案，并进行方案比较实验。参
见表 2.2(2)-3。

选择实验 C（新型机械传动性能测试实验）时，首先要了解被
测机械的功能与结构特点。

表 2.2(2)-3　典型机械传动装置及其组合布置方案

编　号	组合布置方案 a	组合布置方案 b
实验内容 B_1	V 带传动-齿轮减速器	齿轮减速器-V 带传动
实验内容 B_2	同步带传动-齿轮减速器	齿轮减速器-同步带传动
实验内容 B_3	链传动-齿轮减速器	齿轮减速器-链传动
实验内容 B_4	带传动-蜗杆减速器	蜗杆减速器-带传动
实验内容 B_5	链传动-蜗杆减速器	蜗杆减速器-链传动
实验内容 B_6	V 带传动-链传动	链传动-V 带传动
实验内容 B_7	V 带传动-摆线针轮减速器	摆线针轮减速器-V 带传动
实验内容 B_8	链传动-摆线针轮减速器	摆线针轮减速器-链传动

（3）布置、安装被测机械传动装置（系统）。注意选用合适的垫板、支承板、联轴器；调整好设备的安装精度，确保传动轴之间的同轴线要求，使测量的数据精确。

在组装好实验装置后，用手扳动电机轴，如果装置运转自如，即可接通电源进入实验操作；否则，重调各联接轴的中心高、同轴度，以免损坏转矩转速传感器。

（4）对测试设备进行调零，以保证测量精度。调零方法如下：

1）点击主界面下拉菜单中的 T 试验部分，起动输入端扭矩传感器和输出端扭矩传感器上部的小电机，此时显示面板上 n_1 和 n_2 应分别显示小电机的转速，M_1 和 M_2 应分别显示传感器扭矩量程（M_1 一般为（10 ± 3）N·m，M_2 一般为（50 ± 10）N·m）。然后点动电机控制操作面板上的电机转速调节框，调节主电机转速，如果此时小电机和主轴旋转方向相反，转速叠加，说明小电机旋转方向正确，可进行下一步骤。如果此时显示面板上 n_1 和 n_2 数值减小（可能 n_1 数值减小，可能 n_2 数值减小，也可能 n_1、n_2 数值均减小），则要重新调整小电机旋向，直至两台小电机转速均与主轴转速叠加为止。

2）小电机旋向正确后、将主轴转速回调至零；然后再次点击下拉菜单 C 设置部分选择 T，系统再次弹出"设置扭矩转速传感器参数"对话框，此时只需分别按下输入端和输出端调零框右边一钥匙状按钮，便可自动调零；存盘后返回主界面，调零结束。

2. 测试阶段

（1）打开实验台电源总开关和工控机电源开关。

（2）点击 Test 显示测试控制系统主界面，熟悉主界面的各项内容。

（3）键入实验教学信息：实验类型、实验编号、小组编号、实验人员、指导老师、实验日期等。

注意：实验编号必须填写，其他信息可填可不填，然后点击"装入"，即按动数据操作面板中被测参数装入按钮。

（4）点击"设置"，确定实验测试参数：转速 n_1、n_2，扭矩 M_1、M_2 等。

（5）点击"分析"，确定实验分析所需项目：曲线选项、绘制曲线、打印表格等。

（6）启动主电机，进入"试验"。通过软件运行界面中电机转速调节框调节电机速度，使电机转速加快至接近同步转速后，通过电机负载调节框进行加载，加载时要缓慢平稳，否则会影响采样的测试精度；待数据显示稳定后，即可进行数据采样（按动手动记录按钮记录数据）。分级加载，分级采样，采集数据 10 组左右即可。

（7）从"分析"中调看参数曲线，确认实验结果。

（8）打印实验结果（也可先卸载、再打印）。

（9）结束测试。注意逐步卸载，关闭电源开关。

3. 实验操作注意事项

（1）本实验台采用的是风冷式磁粉制动器，注意其表面温度不得超过 80℃。实验结束后，应及时卸除载荷。

（2）在施加试验载荷时，应平稳地加载，并注意输入、输出端传感器的最大转矩分别不应超过其额定值的 120%（输入端传感器额定转矩 10N·m，输出端转矩 50N·m）。

（3）无论做何种实验，均应先启动主电机后加载荷，严禁先加载荷后开机。

（4）在试验过程中，如遇电机转速突然下降或者出现不正常的噪声和震动时，必须卸载或紧急停车（关掉电源开关），以防电机温度过高烧坏电机、电器，及其他意外事故。

（5）变频器出厂前设定已完成，不能随意更改。不适当的设定将会造成人身安全和损坏机器等意外事故。

4. 分析阶段

（1）对实验结果进行分析：对于实验 A 和实验 C，重点分析机械传动装置传递运动的平稳性和传递动力的效率；对于实验 B，重点分析不同的布置方案对传动性能的影响。

（2）整理实验报告。实验报告的主要内容为：

1）写出实验目的；

2）画出实验装置结构布局简图；

3）简述实验设备及工作原理；

4）测试数据（表）、参数曲线；

5）绘制效率曲线（纵坐标为效率 η，横坐标为输出转矩 M_2）；

6）对实验结果进行分析，总结实验中的新发现、新设想，并提出建议；

7）思考并回答问题。

五、思考题

（1）扭矩比与速比为何不同？

（2）带—齿轮传动、链—齿轮传动中带和链应放在高速级还是低速级，为什么？

（3）同一转速下，输出不同功率时，效率为何不同？

（4）摆线针轮减速机有何特点？

（5）总结本次实验的收获、体会，提出建议等。

实验三　液体动压滑动轴承的特性曲线和油膜压力分布曲线测量

一、实验目的

（1）观察滑动轴承油膜与承载现象，加深对形成流体动压条件的理解。

（2）掌握径向滑动轴承摩擦系数的测试方法，了解实验中测试仪器的使用方法。

（3）测试并绘制滑动轴承油膜压力周向分布曲线和承载量曲线。

二、实验台构造及其工作原理

实验台结构如图 2.3-1 所示。

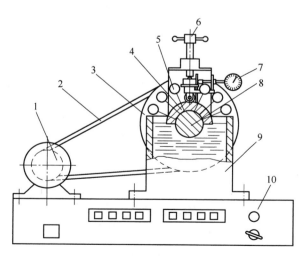

图 2.3-1　滑动轴承实验台结构

1—直流电机；2—V 带；3—大带轮；4—轴瓦；5—油压表；6—螺旋加载器；

7—测力计装置；8—主轴；9—主轴箱；10—操作面板

1. 实验台的传动装置

实验台需要较大的调速范围，所以采用了直流电动机，用可变电阻进行无级调速。直流电动机 1 通过 V 带 2 传给主轴 8，主轴的转速通过光电转速传感器输出转速信号，由数码管显示读数。

2. 轴与轴瓦间的油膜压力测量装置

主轴 8 由滚动轴承支承在箱体 9 上，轴瓦 4 直接压在轴上，轴的下半部浸在装有机械油的油池中。主轴旋转时，将油带入轴和轴瓦之间。当主轴达到一定转速时，形成压力油膜。轴瓦采用包角 180° 结构，如图 2.3-2 所示。在轴瓦径向圆周上每隔 22°30′ 钻有直径为 1mm 小孔 1 个，共 7 个，每个孔都联接一个油压表。轴承内形成动压油膜后的油膜压力，可通过相应位置的油压表直接读出，由此可绘制出径向油膜压力分布曲线。沿轴瓦轴向 1/4 处的剖面装有一个压力表，其读数值为该位置的油膜压力，在其轴向对称位置上油膜压力与其相同；再读取轴瓦中间（第四块）压力表值，即可观察或绘出滑动轴承沿轴向的油膜压力分布情况。

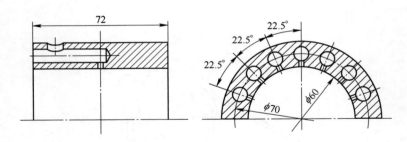

图 2.3-2　轴瓦结构

3. 加载装置

本实验台采用螺旋加载器，转动螺旋即可改变载荷的大小，所加载荷 W 通过传感器经信号放大线路后再数值显示，从面板上可直接读出压力值。传感器为柱式压力传感器，在轴向布置了两个应变片来测量载荷。实验是在载荷一定的情况下进行的。为了减少加载系统对轴瓦的摩擦阻力，在加载杆上装有滚动轴承。

4. 滑动轴承和主轴承间摩擦系数 f 的测定

当主轴旋转时，由于摩擦力矩的作用，在测力杠杆 4 的触点处作用有支反力 Q，其大小可由测力装置 3 读出：

$$Q = K\Delta \ (\text{N})$$

式中　K——测力装置刚度系数，

　　　　1~4 号实验机：$K = 0.141\text{N/格}$，

　　　　20 号实验机：$K = 0.044\text{N/格}$，

　　　　30 号实验机：$K = 0.039\text{N/格}$；

　　Δ——测力装置中百分表指针转动格数。

设轴与轴瓦之间的摩擦力为 F（见图 2.3-3），根据力矩平衡条件，可得：

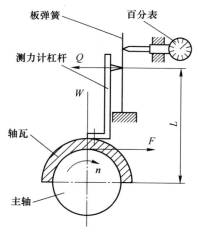

图 2.3-3　摩擦力测定原理图

摩擦力

$$F \times \frac{d}{2} = Q \times L$$

$$Q = K \times \Delta$$

$$F = \frac{2KL}{d} \times \Delta \ (\text{N})$$

式中　d——主轴直径，

1~4 号实验台机：$d = 70\text{mm}$，

20、30 号实验机：$d = 60\text{mm}$；

L——测力杠杆的力臂长，

1~4 号实验机：$L = 120\text{mm}$，

20、30 号实验机：$L = 160\text{mm}$。

令：

$$C = \frac{2KL}{d}$$

则

$$F = C\Delta$$

1~4 号实验机：

$$C = \frac{2 \times 0.044 \times 160}{60} = 0.235(\text{N/格})$$

20 号实验机：

$$C = \frac{2 \times 0.039 \times 160}{60} = 0.208(\text{N/格})$$

30 号实验机：

$$C = \frac{2 \times 0.141 \times 120}{70} = 0.48(\text{N/格})$$

轴与轴瓦间的摩擦系数 f 可用下式计算：

$$f = \frac{F}{W}$$

式中，W 为作用在轴承上的载荷，对于 1~4 号实验机，是由面板上直接读取的；对于 20、30 号实验机，载荷是由砝码通过加载杠杆系统加上去的，它包括加载系统重量和轴瓦自重，加载杠杆上所加砝码 G 为 10N、15N，所对应的 W 值分别为 730N、930N。

三、实验方法与步骤

（1）启动电机，将主轴转速调至 200r/min，观察滑动轴承在形成油膜过程中的各种现象，如图 2.3-4 所示。当主轴不转时，轴与轴瓦之间是接触的，将开关 K 接通时，有电流流过灯泡和毫安表，电路接通，可看到毫安表有电流指示，并且灯泡很亮。

主轴启动时，由于转速很低，轴与轴瓦之间处于半干摩擦状态，摩擦力矩较大；随着主轴转速的增加，主轴把油带入轴和轴瓦之间，形成部分油膜，使金属接触面积减小，这时电阻增大、电流减小，因此灯泡亮度减弱。

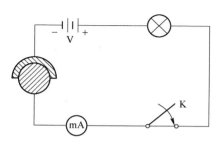

图 2.3-4 油膜形成过程电路

当主轴转速达到足够高时，轴与轴瓦之间形成了完全油膜，表面分开，电路中断，灯泡就不亮了。由于轴与轴瓦加工精度的影响，接触表面上微观不平的尖峰时有接触，因此毫安表指针时而摆动，但电流很小，不足以点亮灯泡。

（2）用加载器加载（约 400~500N）。

（3）绘制轴承摩擦特性曲线。

在一定载荷 W 下，改变主轴转速 n（可调速至 200r/min，再按 20 转递减，最后降至最低转速），读出各转速时百分表的压缩格数 Δ，将测得结果记录在附表 2.3-1 中（见附录），然后求出各转速时的摩擦力 F 和摩擦系数 f，画出液体动压滑动轴承摩擦特性系数 $\dfrac{\eta n}{p}$ 与摩擦系数 f 间的关系曲线，即 $\dfrac{\eta n}{p}$-f 曲线，如图 2.3-5 所示。η 为润滑油动力黏度；

$$p = \frac{W}{dB}(\text{MPa})$$

式中　p——轴承压强；

　　　B——轴瓦长度，

　　　　　1~4 号实验机：$B = 125$；

　　　　　20、30 号实验机：$B = 72\text{mm}$；

　　　d——主轴直径；

　　　n——主轴转速。

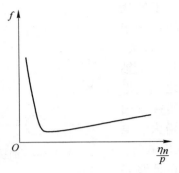

图 2.3-5　轴承摩擦特性曲线（$\frac{\eta n}{p}$-f）

滑动轴承是靠装在轴承座油池中的机械油润滑的，压力越高，润滑油的黏度越大，但在 5MPa（50 大气压）以下，压力对黏度的影响很小，可忽略不计。润滑油的黏度是随着温度升高而降低的，但由于本实验时间较短，载荷不大，转速不高，轴承内各点的油膜压力也不大，油温变化不大，所以油的黏度可近似看做常数。本实验机采用润滑油牌号为 N68（旧牌号为 40 号机械油），在常温 20℃时的动力黏度为 0.34Pa·s。

（4）绘制轴承径向油膜压力分布曲线和承载量曲线。

启动电机，控制主轴转速，然后加上载荷观察灯泡和毫安表，看是否形成油膜，当形成压力油膜后油压表稳定在某一位置时（约测至 100r/min 左右）由左向右依次读出各油压表的压力值，并记录在附表 2.3-2 中（见附录），根据测出油压大小按一定比例尺绘制油压分布曲线，如图 2.3-6（a）所示。

画法是将轴径 d=60mm 按 1∶1 比例画一直线，再画半圆周，在半圆周上按角度 22°30″等分，得出油孔 1~7 位置；经过这些点与圆心 4 连线，在它们延长线上画出压力 1—1′、2—2′、…、7—7′向量大小，按着油压表测出的压力值按一定比例画出（如比例：0.1MPa = 5mm）。实验台压力表单位如果是大气压（1 大气压 = 1kg/cm²），要换算成国际单位制（1kg/cm² = 0.1MPa），经 1′、2′、3′、…、7′各点连成平滑曲线。这就是位于轴承中部截面的油膜径向压力分布曲线，曲线的始末两点可估计定出。

　　为了确定轴承承载量，将向量 1—1′、2—2′、…、7—7′ 的长度向 y 轴投影，然后将这些平行 y 轴的向量移到直径 0-8 上，为清楚起见，将直径 0-8 移到图 2.3-6（a）的下部，如图 2.3-6（b），在直径 0-8″上先画出轴承表面上油孔位置的投影点 1″、2″、…、8″，然后通过这些点画出上述相应的向量而得到 1‴、2‴、…、7‴ 等点，平滑连接各点曲线所包围的面积即为轴承承载量，承载量大小可用方格纸（坐标纸，附图 2.3-1）积分求出。

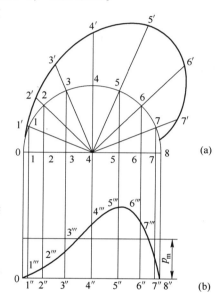

图 2.3-6　轴承压力分布曲线和承载量曲线

　　在直径 0-8 上作一个矩形，使其面积与曲线所包围的面积相等，则该矩形的边长 P_m 就是轴承中间截面上的油膜径向平均压力。

　　（5）实验测试结束时，先卸载荷、再停机。

四、实验报告要求

　　（1）写出本实验目的。

　　（2）写出实验装置及实验原理。

　　（3）填写实验记录。

（4）绘出轴承摩擦特性曲线、油膜压力分布曲线及承载量曲线。

（5）实验结果分析。

（6）思考并回答问题。

五、思考题

（1）哪些因素会影响液体动压滑动轴承的承载能力及其油膜的形成？

（2）当转速增加或载荷增大时油膜压力分布曲线的变化如何？

（3）分析并说明所绘制的 $\dfrac{\eta n}{p}$-f 曲线。

（4）为什么要在开机后加载，在停机前卸载？

（5）总结本次实验的收获、体会，提出建议等。

实验四　轴系结构组合设计与测绘

一、实验目的

熟悉并掌握轴系结构设计中有关轴的结构设计、滚动轴承组合设计的基本方法。

二、实验设备

（1）组合式轴系结构设计分析实验箱：实验箱提供能进行减速器圆柱齿轮轴系、小圆锥齿轮轴系结构设计实验的全套零件。

（2）测量及测绘工具：300mm 钢板尺、游标卡尺、内外卡钳、铅笔、三角板等。

三、实验内容

（1）根据表 2.4-1 选择每组的实验内容（实验题号）。

表 2.4-1　实验内容

实验题号	已 知 条 件				
	齿轮类型	载荷	转速	其他条件	示 意 图
1	小直齿轮	轻	低		
2		中	高		
3	小人字齿轮	中	低		
4		重	中		
5	小斜齿轮	轻	中		
6		中	高		
7	大斜齿轮	中	中		
8		重	低		

实验题号	已　　知　　条　　件				
	齿轮类型	载荷	转速	其他条件	示　意　图
9	小锥齿轮	轻	低	锥齿轮轴	
10		中	高	锥齿轮与轴分开	
11	蜗杆	轻	低	发热量小	
12		重	中	发热量大	

（2）进行轴的结构设计与滚动轴承组合设计。每组学生根据实验题号的要求，进行轴系结构设计，解决轴承类型选择、轴上零件固定、轴承安装与调节、润滑及密封等问题。

（3）绘制轴系结构装配图。

四、实验要求

（1）明确实验内容，理解设计要求，自行确定实验步骤。

（2）复习有关轴的结构设计与轴承组合设计的内容与方法（参看教材有关章节）。

（3）构思轴系结构方案：

1）根据齿轮类型和载荷，选择滚动轴承的型号（或滚动轴承的类型）；

2）确定支承轴向固定方式（双固式、固游式、双游式）；

3）根据齿轮圆周速度（高、中、低），确定轴承润滑方式（脂润滑、油润滑）；

4）选择轴承端盖的安装形式（凸缘式、嵌入式），并考虑轴承端盖透盖处密封方式（毡圈、橡胶圈、油沟）；

5）考虑轴上零件的定位与固定，以及轴承间隙调整等问题；

6）绘制轴系结构方案示意图。

（4）组装轴系结构方案，从实验箱中选取合适零件并组装成轴系部件，检查所设计组装的轴系结构是否正确。

（5）绘制轴系结构草图。

（6）测量零件结构尺寸（支座不用测量），并做好记录。

（7）将所有零件放入实验箱内规定位置，交还所借工具。

（8）根据结构草图及测量数据，在 3 号图纸上用 1：1 比例绘制轴系结构装配图，要求装配关系表达正确，注明必要尺寸（如支承跨距、齿轮直径与宽度、主要配合尺寸），填写标题栏和明细表（表 2.4-2）。

（9）写出实验报告。

表 2.4-2 轴系结构组合装置、零件明细

序号	零件名称	材料	数量	规 格
1	键 5×25	45 号钢	4	GB 1096—79
2	套筒	工程塑料	4	
3	透盖	铝合金	1	
4	圆螺母 M20×1.5	45 号钢	5	GB 812—88
5	止动垫圈	15 号钢	5	GB 858—88-20
6	螺栓 M6×25	35 号钢	4	GB 5782—86
7	调整片	塑料片	4	
8	套杯	铝合金	1	
9	调整片	塑料片	4	
10	圆锥滚子轴承 30204 或 7204E（旧型号）		4	GB 297—84
11	机座	铝合金	1	
12	齿轮轴	铝合金	1	
13	轴	铝合金	1	
14	透盖	铝合金	1	
15	套杯	铝合金	1	
16	甩油盘	塑料片	1	
17	锥齿轮	铝合金	1	
18	键 6×20	45 号钢	1	GB 1096—79
19	挡板	塑料板	4	
20	齿轮轴	铝合金	1	

序号	零件名称	材料	数量	规　　格
21	透盖	铝合金	1	
22	调整片	塑料片	16	
23	机座	铝合金	2	
24	滚动轴承 6204 或 204（旧型号）		4	GB 276—89
25	闷盖	铝合金	1	
26	轴	铝合金	1	
27	透盖	铝合金	1	
28	滚动轴承或（旧型号）			
29	甩油盘	塑料片	2	
30	键 6×22	45 号钢	3	GB 1096—79
31	齿轮	铝合金	2	
32	甩油盘	塑料片	1	
33	闷盖	铝合金	1	
34	带轮	工程塑料	3	
35	轴	铝合金	1	
36	套筒	工程塑料	2	
37	透盖	铝合金	1	
38	机座	铝合金	2	
39	套筒	工程塑料	1	
40	齿轮轴	铝合金	1	
41	轴用挡圈	65Mn	6	GB 894.1—86-30
42	齿轮轴	铝合金	1	
43	滚子轴承 33204		1	GB 283—87
44	齿轮轴	铝合金	1	
45	滚子轴承 2204 或 N204		2	GB 283—87
46	蜗杆		1	

序号	零件名称	材料	数量	规　格
47	透盖	铝合金	1	
48	调整片	塑料片	10	
49	闷盖	铝合金	1	
50	平垫片	35 号钢	37	
51	轴	铝合金	1	
52	套筒	工程塑料	1	
53	闷盖	铝合金	1	
54	螺栓 M6×15	35 号钢	30	GB 5782—86
55	机座	铝合金	2	
56	座板	硬塑板	3	
57	铁箱	铁塑	1	

五、实验报告要求

（1）写出实验目的。

（2）写出实验内容，包括实验题号、已知条件。

（3）绘制轴系结构装配图（用 3 号图纸，按 1∶1 比例绘制）。

（4）轴系结构设计说明（说明轴上零件定位固定方式，滚动轴承安装、调整、润滑与密封等问题）。

（5）思考并回答问题。

六、思考题

（1）选择轴承类型时应考虑哪些因素？

（2）轴承的密封方式有哪些，都适用于什么条件？

（3）轴承的润滑方式有哪些，都适用于什么条件？

（4）轴上零件的轴向和周向如何定位及固定？

（5）轴承端盖形式有几种，各有哪些优缺点？

（6）总结本次实验的收获和体会，提出建议。

实验五　减速器结构分析与拆装

一、实验目的

（1）详细了解减速器的结构，熟悉装配和拆卸方法，增加对减速器的感性认识。

（2）比较几种减速器结构上的差别、优缺点，供拟定减速器结构方案时参考。

（3）通过拆装，掌握轴和轴承部件的结构特点。

（4）了解减速器各个附件的名称、结构、作用、安装位置及设计原则。

二、观察了解的内容

1. 减速器的类型及代表参数

减速器的类型有多种，其基本类型有单级圆柱齿轮减速器、二级圆柱齿轮减速器、圆锥齿轮减速器、圆锥圆柱齿轮减速器、蜗轮蜗杆减速器等。

减速器的代表参数主要有中心距 a 和传动比 i

2. 齿轮布局、齿轮结构、两极传动比的分配

对于二级圆柱齿轮减速器，齿轮布局有展开式、分流式和同轴式；

当小齿轮直径和轴的直径相差不大时，和轴制成一体，即采用齿轮轴结构；大齿轮和轴分开制造，利用平键做周向固定，利用轴肩、轴套和轴承端盖做轴向固定。

为便于采用油池润滑和箱体外型美观，应使两级传动中的两大齿轮的直径相近，两级传动比可分配为：$i_1 = (1.3 \sim 1.4) i_2$。

3. 轴的结构及轴上零件固定方法

传动件装在轴上以实现回转运动和传递功率，通常采用阶梯轴；

轴上零件用轴肩、轴套和轴承端盖做轴向固定，传动件和轴以平键做周向联接。

4. 轴承组合结构

（1）轴承类型及选用理由。根据轴承所承受载荷的大小、性质、转速和工作要求初选类型。首先应考虑是否能采用结构最简单、价格最便宜的深沟球轴承。当支座上作用有径向力 R 和较大的轴向力 $A(A > 0.25R)$，或者需要调整传动件（锥齿轮、蜗轮等）的轴向位置时，应选择向心角接触轴承，而最常用的是圆锥滚子轴承。

（2）轴承组合形式分为固游式和全固式。

（3）轴承的润滑方式、密封方式及优缺点。

1）稀油润滑：利用齿轮浸入油中及轮齿啮合时飞溅起的稀油润滑，适用于齿轮圆周速度 $v \geqslant 2 \sim 3 \mathrm{m/s}$。

2）润滑脂润滑：适用于齿轮圆周速度 $v < 2\mathrm{m/s}$，密封方式有接触式和非接触式，接触式如毛毡圈、橡胶圈，非接触式如油沟式、迷宫式等。本实验设备为毛毡圈式。

（4）轴系游动及轴承间隙，采用调整垫片调整。

（5）轴承端盖结构。轴承端盖用来固定轴承，承受轴向力，调整轴承间隙。其结构有：

1）凸缘式：调整轴承间隙方便，密封性能好，便于拆装，用得较多。

2）嵌入式：拆装不便，但外形美观。

5. 箱体

箱体是减速器重要的组成部分，是传动零件的基座，应具有足够的强度和刚度。箱体通常采用灰铸铁铸造，受冲击载荷较大的也可采用铸钢，单件生产也可采用钢板焊接，铸造箱体要充分考虑到它对铸造工艺和加工工艺的要求。

（1）减速器箱体上的附件有观察孔与视孔盖、通气器、起吊装置、油标尺、放油孔及放油螺塞、定位销、起箱螺钉、油杯等。

（2）箱体形状、关键性尺寸的确定原则：

1）箱体一般采用上下剖分式，剖分面为水平面，与传动件轴心线重合。为保证箱体的刚度和强度，在轴承座附近加支承肋板；为满足铸造工艺性，两交接面要有铸造圆角，轴承座外圆要有拔模锥度。

2）加工面要与非加工面区别开来：凡加工面要比非加工面凸出（如轴承座孔端面、观察孔面、放油孔端面等处）或凹进（凡装有螺栓处都必须有沉头座，也叫鱼眼坑）。

3）为保证减速器安置在基座上的稳定性并尽可能减少底座平面的加工面积，箱体底面一般不采用完整平面，而是两纵向长条加工基面。

4）关键性尺寸有下箱体高度 H、小齿轮侧上箱体外圆弧 R、轴承旁联接螺栓凸台高度 h、轴承座孔长度及箱体分箱面的宽度。

三、思考题

（1）简要说明减速器的类型及其特点。

（2）轴的结构设计应满足哪些要求？

（3）在设计减速器箱体结构时应考虑哪些问题？

（4）试说明轴承采用脂润滑与油润滑时，其甩油盘（或挡油盘）在结构上的区别及作用。

（5）总结本次实验的收获、体会，提出建议。

附录 2 机械设计实验报告格式及要求

附录 2.1 机械设计实验一
带传动的弹性滑动率和效率的测定实验报告

一、实验目的

二、简述实验设备及效率测定原理

三、原始数据及实验记录

传动带型号规格：A 型 1400　　　初拉力 $F_0 = $ _____ N

带轮直径 $D_1 = 77\text{mm}$　　　$D_2 = 67\text{mm}$　　　$v_1 = $ _____ m/s

力臂 $L_1 = L_2 = 298\text{mm}$

四、实验结果

将参数测得数据记入附表 2-1。

（1）绘制效率曲线和滑动率曲线，纵坐标为效率 η 和滑动率 ε，横坐标为传动带的有效应力 $F(\text{N})$，用坐标纸按比例绘出。

（2）求出：允许传递的有效圆周力 $[F_e] = $ _____ N

允许传递的功率 $P_0 = [F_e]v/1000 = $ _____ kW

附表 2.1　带传动的弹性滑动率和效率的测定实验记录及数据计算

项目测点	测　　定　　数　　据						计　　算　　数　　据				
	a_1 /mm	W_1 /kg	a_2 /mm	W_2 /kg	n_1 /r·min^{-1}	n_2 /r·min^{-1}	M_1 /N·mm^{-1}	M_2 /N·mm^{-1}	η /%	ε /%	F /N
0（空载）											
1											
2											
3											
4											
5											
6											
7											
8											
9											
10											
11											
12											

附录 2.2（1）   机械设计实验二（1）
齿轮传动效率的测定实验报告

一、实验目的

二、简述实验设备及效率测定原理

三、实验台主要参数

（1）中心距 $a=100$mm。

（2）齿数 $Z_1=70$，$Z_2=62$。

（3）传动比 $i=$ _____ 。

（4）游码重 $W=0.156$kg。

（5）杠杆力臂长 $L_1=L_2=298$mm。

（6）环境温度 $t=$ _____ ℃。

（7）电机额定功率 1.1kW，转速 910r/min。

四、实验结果

将参数测得数据记入附表 2.2。

（1）实验记录及数据计算。

（2）绘制效率曲线。纵坐标为效率 η，横坐标为输出转矩 M_2，用坐标纸按比例绘出。

附表 2.2　齿轮传动效率的测定实验记录及数据计算

项目 测点	测　定　数　据						计　算　数　据			
	a_1 /mm	W_1 /kg	a_2 /mm	W_2 /kg	n_1 /r·min⁻¹	n_2 /r·min⁻¹	M_1 /N·mm⁻¹	M_2 /N·mm⁻¹	η /%	P_1 /kW
空载										
1										
2										
3										
4										
5										
6										
7										
8										
9										
10										

附录 2.2（2）　机械设计实验二（2）
机械传动性能综合测试实验报告

一、实验目的

二、简述实验设备及效率测定原理

三、实验装置结构布局简图

四、绘制 η-M_2 效率曲线

纵坐标为效率 η，横坐标为输出转矩 M_2，用坐标纸按比例绘出。

五、对实验结果的分析

实验中的新发现、新设想或新建议。

附录2.3 机械设计实验三
液体动压滑动轴承的特性曲线和油膜压力
分布曲线测量实验报告

一、实验目的

二、实验装置、实验原理及内容

三、实验机参数

主轴直径：1~4号实验台机：$d = 70\text{mm}$；

　　　　　　20、30号实验机：$d = 60\text{mm}$；

测力杠杆的力臂：1~4号实验机：$L = 120\text{mm}$，

　　　　　　　　20、30号实验机：$L = 160\text{mm}$；

轴承宽度：1~4号实验机：$B = 125$，

　　　　　　20、30号实验机：$B = 72\text{mm}$；

轴承材料：ZCuSn5Pb5Zn5（旧牌号：ZQSn-6-6-3）；

轴材料：钢45；

润滑油：N68（旧牌号：40号机械油）。

四、实验记录

（1）在一定载荷 W 下，$\dfrac{\eta n}{p}$-f 数据记录在附表2.3-1中；

（2）油膜压力分布记录见附表2.3-2；

（3）绘制 $\dfrac{\eta n}{p}$-f 滑动轴承特性曲线，用坐标纸按比例绘出（附图2.3）；

（4）绘制油膜压力分布曲线，用坐标纸按比例绘出（附图2.3）。

油膜压力比例尺：＿＿＿＿＿＿MPa/mm

附表 2.3-1　参数测试记录

实验台号：	$C=$　　　　N/格		室温 $t=$　　　℃		
	载荷 $W=$　　　N		润滑油黏度 $\eta=$　　　Pa·s		

项目测点	测量数据		计算数据		
	转速 $n/\mathrm{r}\cdot\min^{-1}$	百分表读数 Δ	摩擦力 $F=C\Delta$	摩擦系数 $f=F/W$	$\eta n/p$ $/\times10^{-6}$
1					
2					
3					
4					
5					
6					
7					
8					
9					
10					
11					

附表 2.3-2　油膜压力分布记录

压力表号	1	2	3	4	5	6	7
压力/MPa							

转速 $n=$ _____ r/min

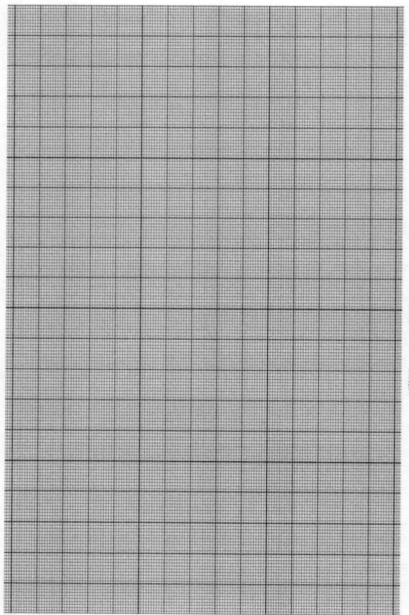

附图 2.3　坐标线

附录 2.4　机械设计实验四
轴系结构组合设计与测绘实验报告

一、实验目的

二、实验内容（实验题号、已知条件）

三、实验结果

（1）轴系结构组合设计草图，包括测绘的必要尺寸。

（2）绘出轴系结构组合装配图（另附 3 号或 4 号图纸）。

（3）轴系结构分析。简要说明轴上零件定位固定方式，滚动轴承安装、调整、润滑与密封等问题。

附录 2.5　机械设计实验五
减速器结构分析与拆装实验报告

一、实验目的

二、实验内容

三、观察结果

（1）画出所观察减速器的结构简图（二视图），注明类型、代表参数、齿轮布局、轴承类型、端盖形式、润滑油种类、润滑方式及密封方式。

（2）指出减速器箱体上主要附件的作用以及设计原则：

1）检查孔及检查孔盖；

2）通气器；

3）起吊装置（吊耳或吊环）；

4）油标尺；

5）启箱螺钉；

6）定位销；

7）放油孔及放油螺塞。

（3）指出减速器箱体几个关键性尺寸的确定原则：

1）小齿轮侧上箱体外圆弧 R 及轴承旁联接螺栓凸台高度 h 的确定（画图说明）；

2）箱体分箱面宽度及轴承座孔长度；

3）下箱体高度 H。

冶金工业出版社部分图书推荐

书　名	作　者	定价(元)
机械振动学（第2版）（本科教材）	闻邦椿　主编	28.00
机电一体化技术基础与产品设计（第2版）（本科教材）	刘　杰　主编	46.00
机器人技术基础（第2版）（本科教材）	宋伟刚　等编	35.00
机械电子工程实验教程（本科教材）	宋伟刚　主编	29.00
机械优化设计方法（第4版）（本科教材）	陈立周　主编	42.00
机械可靠性设计（本科教材）	孟宪铎　主编	25.00
机械故障诊断基础（本科教材）	廖伯瑜　主编	25.80
机械工程实验综合教程（本科教材）	常秀辉　主编	32.00
现代机械设计方法（第2版）（本科教材）	臧　勇　主编	36.00
现代机械强度引论（研究生教材）	陈立杰　等编	35.00
机械工程测试与数据处理技术（本科教材）	平　鹏　主编	20.00
机械设备维修工程学（本科教材）	王立萍　等编	26.00
Engineering of Mechanical Equipment Maintenance 机械设备维修工程学（英文版）（本科教材）	王立萍　主编	估40.00
Course Design of Mechanical Design 机械设计课程设计（英文版）（本科教材）	李　嫒　等编	15.00
单片机间接口与应用（本科教材）	王普斌　编著	40.00
STC单片机创新实践与应用	王普斌　等编著	估45.00
冶金设备及自动化（本科教材）	王立萍　等编	29.00
轧钢机械（第3版）（本科教材）	邹家祥　主编	49.00
炼铁机械（第2版）（本科教材）	严允进　主编	38.00
炼钢机械（第2版）（本科教材）	罗振才　主编	32.00
冶金设备（第2版）（本科教材）	朱　云　主编	56.00
矿山机械（本科教材）	魏大恩　主编	48.00